漫话家装

理想·宅编辑部　组编

机械工业出版社
CHINA MACHINE PRESS

本书是一本简单易懂的装修图解书，透过浅显易懂的文字及插图、照片的分解，抓住要点，深入浅出地介绍了室内设计装修知识，让第一次装修的新手看了就懂、读了就通、堪称没有行业经验的普通业主装修房屋的"简易手册"。一本《漫话家装》在手，帮你搞好家庭装修。

图书在版编目（CIP）数据

漫话家装 / 理想·宅编辑部组编 . — 北京：机械工业出版社，2013.10
ISBN 978-7-111-43936-3

Ⅰ．①漫… Ⅱ．①理… Ⅲ．①住宅－室内装修－建筑设计－图集 Ⅳ．① TU767-64

中国版本图书馆 CIP 数据核字 (2013) 第 209748 号

机械工业出版社（北京市百万庄大街 22 号 邮政编码 100037）
责任编辑：张大勇
封面设计：骁毅文化
责任印制：乔　宇
北京汇林印务有限公司印刷
2013 年 11 月第 1 版第 1 次印刷
145mm×210mm · 5.5 印张 · 207 千字
标准书号：ISBN 978-7-111-43936-3
定价：29.80 元

前言

提起家庭装修，很多业主都为之头疼，觉得它一是比较专业，二是有太多的细节需要考虑，在装修过程中还要围着工人或者进度跑个不停，太累人了！其实，只要了解家庭装修的整个流程，重点把握住设计、材料、预算、施工这几个"关键点"，就可以做到轻轻松松搞装修。毕竟动手的是装修工人，业主只是作为检控方，完全没有必要把自己搞得那么狼狈。

本书定位于普通装修业主，以完整的家庭装修流程为主线，全面介绍在装修过程中所需要的各方面知识，内容主要包括如何正确收房、家庭装修设计的基本知识、如何做好预算、如何挑选和购买装修材料、如何控制好装修质量以及装修后期的一些相关的家具采购等。

本书以简洁的文字说明，透过插画、照片、表格全面讲解了完成装修的13个步骤，并整理了近50个在每个步骤中需要注意的重点，让读者可以轻松地学习装修常识，即使新手也能很快入门。

本书不同于严谨的教材，不追求大而全，而是针对普通业主所编写的一本装修实用参考手册，目的是使其能够参考本书完成自己的家庭装修。

参与本书编写的人员有：黄肖、于久华、孙盼、张娟、徐磊、杨柳、邓毅丰、梁越、安平、王佳平、马禾午、谢永亮、李峰、余素云、王勇、李保华。

目录

第一部分
掌握户型装修要点

一般房屋类型不外乎是毛坯房、二手房，其中二手房又会有年限的限制。另外现在也有多种户型供业主选择，像一居、两居、三居、复式、公寓、别墅等。不管是何种房屋类型还是户型，每一种房子都会因为房屋空间条件而有所不同，在装修时都有其要注意的要点。因此，在购买房屋之前，一定要先了解自身的需要以及房屋的特点，掌握重点装修方法，不仅仅可以使装修更为顺利，也可以避免花费多余的金钱。

"1" 选定所需要的房屋类型及户型

户型分类：

平层户型：平层户型一般是指一套房屋的厅、卧、卫、厨等所有房间均处于同一层面上。

错层户型：所谓错层户型主要是指一套房子不处于同一平面，即房内的厅、卧、卫、厨、阳台处于几个高度不同的平面上。

跃层户型：所谓跃层就是指住宅占有上下两层楼面，卧室、客厅、卫生间、厨房及其他辅助用房可以分层布置，上下层之间的交通不通过公共楼梯而采用户内独用小楼梯连接。跃层住宅是一套住宅占两个楼层，有内部楼梯联系上下层；一般在首层安排起居、厨房、餐厅、卫生间，最好有一间卧室，二层安排卧室、书房、卫生间等。

复式户型：复式户型在概念上是一层，并不具备完整的两层空间，但层高较普通住宅（通常层高2.8m）高，可在局部设夹层，安排卧室或书房等，用楼梯联系上下，其目的是在有限的空间里增加使用面积，提高住宅的空间利用率。

"2" 避免对房屋整体进行大规模的更改

很多业主在拿到房屋钥匙以后，第一想法就是要改变房屋原有格局，大部分都是因为空间利用不合理或者是不适合自己和家人的生活习惯。那么是不是房屋格局都可以随便变动呢？这个问题，如果自己不太清楚，最好请专业的设计师或者施工人员来判断。

我们一般说房屋格局不能随便变动，主要是考虑安全问题，也有一些是物业有限制，所以就算是要改造，我们也要了解什么样的房屋格局可以改动；改动时，又

该注意哪些事项。下面这些我们都要了解清楚才行。

首先，"砖混"结构的房屋，凡是预制板墙都一律不能拆除，也不能开门开窗。其次，家庭装修中，除了承重墙是绝对不能拆的，轻体墙也不一定可以拆。阳台边的矮墙也不能拆除或改变。门框嵌在

混凝土中的情况，不宜拆除。如果拆除或改造，就会破坏建筑结构，降低安全系数，重新安装门也比较困难。再次，房间中的梁柱也不能改。最后，墙体中的钢筋不能动。

承重墙不能随意拆除，否则会导致安全隐患。

若对房屋进行更改要符合家人的生活习惯。

3

"3" 对房屋的基础工程要检查好

近年来，随着人们对家居质量和健康的关注度提升，越来越多的住宅问题纷纷浮出水面，其中以新房最为突出。要想以后住得踏实，首先要把好验收这一关，那么，新房到底该如何验收呢？

毛坯房验基础工程

毛坯房又称"初装修房"，墙面地面仅做基础处理而未做表面处理，在目前的房地产市场中占据着主角位置。首先要核实房屋面积、户型与合同是否一致，必要的话，可以进行实地测量，一般来讲，误差在3％以内可忽略。验收过程中，发现一些无法在装修中弥补的问题，可以及时向开发商提出整改要求。基础工程是毛坯房验收的重点，因为其质量决定后期装修装饰的效果及房屋的整体状况，而墙面则是重中之重。

排水管道也是毛坯房中要重点验收的，实际施工中，有些工人可能会偷懒，把用剩下的水泥渣倒进排水管流走，如果这些水泥黏度较高就会在弯头处堵塞，造成排水困难。

自装房看施工工艺

目前多数家庭都是自选建材后，请装修公司或施工队来装修，因此建材的环保性能较容易控制，而装修的施工质量则是验收时需要重点关注的。首先防水验收需做24小时闭水实验。一般来讲，房屋在建筑过程中，厨卫已经做了

自装房要注重材料的选购、施工的技术等

毛坯房主要验收基础工程是否做到位

初级防水，但是在装修过程中可能会破坏防水层，有些施工工艺较差也影响防水质量。水电线路要在施工中期验收。瓷砖、地板、墙面都是验收重点。

精装房重环保品质

以实际经验来看，由于对基础土建工程质量以及装修所使用的各种建材情况均不了解，导致精装房更容易出现各种问题。除了与自装房一样要验收装修的质量外，精装房最应重视环保状况。首先应花些时间检查装修所使用的各种建材的品牌、规格等是否与合同一致。其次，应确保室内空气质量环保达标，最好用专业仪器来进行检测。第三，水电线路布线等隐蔽工程在精装房中也很容易出现问题，业主不要被光鲜的表面工程蒙蔽，这部分最好请专业的监理公司来协助验收。

精装房需要检查各种材料、家具的品质，以免被以次充好

第二部分
家居风格要知道

对初次买房的人来说选择一款和自己的生活方式贴切的装饰风格很重要。有的人没经验，看什么都喜欢，常常照搬他人的设计，其结果住进去发现很不方便。例如现在地中海风格很流行，有的人房子是一室一厅的公寓房，房子不高也不大，可在里面挂假大梁，砌拱门，生搬硬套地把地中海装进家。还有的人选择了现代简约，初看上去很清爽，结果一家人搬进去后，把日常东西一摆，看上去乱七八糟。因此装修时一定要先确定想要的风格。

我想要现代风格又想要有复古的感觉，怎么样？

太乱了！

"1" 省钱又明快的现代风

一、空间构成

现代设计追求的是空间的实用性和灵活性。居室空间是根据相互间的功能关系组合而成的，而且功能空间相互渗透，使空间的利用率达到最高。

二、装饰材料色彩设计

装饰材料与色彩设计为现代风格的室内效果提供了空间背景。首先，在选材上不再局限于石材、木材、面砖等材料，而是将选择范围扩大到金属、涂料、玻璃、塑料以及合成材料。其次，现代风格的色彩设计受现代绘画流派思潮影响很大。装饰画、织物的选择对于整个色彩效果也起到点明主题的作用。

三、家具灯具和陈列品

现代室内家具、灯和陈列品的选型要服从整体空间的设计主题。家具应依据人体一定姿态下的肌肉、骨骼结构来选择、设计，从而调整人的体力损耗，减少肌肉的疲劳。灯光设计的发展方向主要有两大特点：一是根据功能细分为照明灯光、背景灯光和艺术灯光三类，不同居室灯光效果应为这三种类型的有机组合；二是灯光控制的智能化、模式化，也即控制方式由分开的开关发展为集中遥控，通过设定视听、会客、餐饮、学习、睡眠等组合灯光模式来选择最佳的效果。对于陈列品的设置，应尽量突出个性和美感。

四、个性空间设计

现代风格的居室重视个性和创造性的表现，即不主张追求高档豪华，而着力表现区别于其他住宅的东西。住宅小空间多功能是现代室内设计的重要特征。个性化的功能空间完全可以按主人的个人喜好进行设计，从而表现出与众不同的效果。如果能使上述功能小空间表现出主人的独创性，这套住宅装修设计就有出彩的地方了。

童话美梦般的古典风

欧式古典：

古典欧式的居室有的不只是豪华大气，更多的是惬意和浪漫。通过完美的曲线，精益求精的细节处理，带给家人不尽的舒适触感，实际上和谐是古典欧式风格的最高境界。同时，古典欧式装饰风格最适用于大面积的房子，若空间太小，不但无法展现其风格气势，反而对生活在其间的人造成一种压迫感。

1、家具：欧式古典风格的家具市面上很多，选购的时候尽量注意款式要优雅，一些劣质的欧式古典风格的家具，造型款式上显得很僵化，特别是边线，古典的一些典型细节如弧形或者涡状装饰等，都显得拙劣。此外要注意材质，欧洲古典风格的家具一定要材质好才显得有气魄。

2、墙纸：可以选择一些比较有特色的墙纸装饰房间，比如画有圣经故事以及人物等内容的墙纸就是很典型的欧式风格，另外，用油漆画一些图案可以作为点缀。

3、装饰画：欧式风格装饰的房间应选用线条烦琐，看上去比较厚重的画框，才能与之匹配。

色调：欧式风格大多采用白色、淡色为主，可以采用白色或者色调比较跳跃的靠垫配白木家具。另外靠垫的面料和质感也很重要，在欧式居室中亚麻和帆布的面料就不太合适，如果是丝质面料则更显高贵。

4、地板：如果是复式的房子，一楼大厅的地面可以采用石材进行铺设，这样会显得大气。如果是普通居室，客厅与餐厅最好还是铺设木质地板，若部分用地板，部分用地砖，房间反而显得狭小。

5、地毯：西式风格装修中地面的主要角色应该由地毯来担当。地毯的舒适脚感和典雅的独特质地与西式家具的搭配相得益彰。

6、墙面：镶以木板或皮革，再在上面涂上金漆或绘制优美图案；天花板都会以装饰性石膏工艺装饰或饰以珠光宝气的油画。

中式古典：

以宫廷建筑为代表的中国古典建筑的室内装饰设计艺术风格，气势恢弘、壮丽华贵、高空间、大进深、雕梁画栋、金碧辉煌，造型讲究对称，色彩讲究对比，装饰材料以木材为主，图案多龙、凤、龟、狮等，精雕细琢、瑰丽奇巧。但中国古典风格的装修造价较高，且缺乏现代气息，只能在家居中点缀使用。

家具搭配

中式古典风格家具注重选材、采用梁柱结构，做工精细。明式古典讲究造型简洁完美，组织严谨合理，恰到好处的装饰和亮丽自然的木质感。清式古典讲究风格华丽，浑厚庄重，线条平直硬拐，装饰丰富。

风格表现

装饰品的色彩一般以黑、红为主。室内多采用对称式布局，格调高雅，造型简单优美，色彩浓重而成熟。中国传统室内陈设包括字画、匾幅、挂屏、盆景、瓷器、古玩、屏风、博古架等，追求一种修身养性的生活境界。中国传统室内装饰艺术的特点是总体布局对称均衡，端正稳健，而在装饰细节上崇尚自然情趣，花鸟、鱼虫等精雕细琢，富于变化，充分体现出中国传统美学精神。

"3" 自我主义的混搭风

时尚界开始的混搭之风，已经逐渐地影响到室内设计，居室空间里的随性混搭正是让家居变得更加时尚、出彩的关键所在。不同风格、色彩、材质的东西和谐地巧搭在一起，创造出了让你意想不到的效果。但一些人的家从追求混搭开始，最后却变成了乱搭，甚至成了各种元素堆砌的家居展示厅，因此混搭是需要有节制的。

混搭之初最关键的工作就是要确定出一个主要的基调或抓住一个主题，只有找到了主线、确定了风格才好下手。其实混搭也是张扬自我个性、风格的一个平台，可以根据自己的喜好确定一个想在家中呈现出的风格。

风格一定要统一并且分清轻重、主次，如果把三种以上的风格混在一起，不但达不到预期的效果，还有可能把房间变得纷杂混乱。要知道，混搭也有混搭的道理，混搭并不等于乱搭。

混搭可以说是一门难度较大的艺术，如果想把多种不同的元素放进同一个空间里，又要保持家居搭配的和谐与整体氛围的一致，的确不是一件简单的事情。很多人常常在混搭的过程中自乱阵脚，过多的元素和色彩没有规则地堆在一起，不但无法展现出主人的自我风格还会使居室显得杂乱无章。

混搭虽然能为居室空间添上浓墨重彩的一笔，但如果太过于强烈地追求个性化的居室风格，不考虑实用性以及人的居住感受，不但会事倍功半，还会给人带来视觉和心理上的不舒服，这样做便抹杀了居室空间最原始的功能——以人为主。所以，我们要清楚地知道，无论做怎样的混搭，都要以人为主，不要变成风格与家具的奴隶，要当生活的主人。

"4" 放松惬意的简约休闲风

现代人生活在忙碌的都市，离不开便利的生活方式，却又渴望自然，不妨融合两者在同一个空间当中，获得真正减压的家居环境。简约休闲风格既具备简约风格的简便，又带有度假休闲的情调，让人在家中更能放松心情。

简约的空间搭配温馨的色调，分别透过灯光的配置、墙的色彩、材质的质感，呈现出给人以放松惬意之感的家居空间。

简约休闲风强调触感的舒适性，因此不妨在常用的空间使用区域性的地毯，另外，木地板能给人质朴与自然的感受，特别受白领人士的喜爱。

细节的表现能赋予居室空间生命、情趣。清晨的阳光，透过精致的纯白色百叶木条门，将斑驳迷离的光影挥洒在米驼色的墙面和同色调的床罩、地毯上，衬出一室温馨幽雅的氛围。洁净的墙面没有过多的装饰，两幅平行挂置的黑白装饰画，给卧室增添了几分静谧与理性。米白色柔软的沙发边静静地立着款式现代的落地灯，等到夜晚的来临，透过长长的麻制灯罩带给卧室无比的暖意。

家具的挑选与搭配，以自然材质如原木、藤、布等为主，休闲风格不像乡村风的空间质感那么粗犷、质朴，但在家具的选择上确有几分相似。

家居摆设多以记录家人生活的照片与纪念品为主，另外也适合摆放一些展现个人品位的艺术收藏品，以旅行与记录生活为主。

小清新的田园风

因为田园风格几乎可以等同于乡村风格。所以作为田园风格的载体——乡村，由于比城市更贴近原始自然环境，而居住在乡村里的人们的生活方式淳朴，生性豁达率性，心理压力小。所以在现今日益发达的城市中，因为繁杂喧闹并且污染越来越严重的城市环境和快速的生活节奏，繁忙的工作压力，使得现代的城市人将羡慕的眼光投向了曾经不屑的乡村。他们开始对乡村生活方式感到好奇或向往，对于曾经忽视的乡间留存的独特民间艺术形式也很感兴趣。越来越多的城市人更愿意把家搬到附近乡村，自己开车上班。不少富裕阶层也乐意把自己拥有乡间别墅作为炫耀的资本之一。"开轩面场圃，把酒话桑麻"，"采菊东篱下，悠然见南山"的生活方式得到了人们的再次捡拾和重新诠释。

现代居室中的田园风格设计当然倡导"回归自然"，只有结合自然，才能在当今快节奏的社会生活中获取生理和心理的平衡。因此田园风格力求表现自然的田园生活情趣。而这样的自然情趣正好处于现今人们对于人类城市扩张迅速，城市环境恶化，人们日渐互相产生隔阂而担心的时代。迎合了人们对于自然环境的关心、回归和渴望之情。所以也就造就了田园风格设计在当今时代的复兴和流行。

田园风格家居强调自然美，装饰材料均取自天然材质，竹、藤、木的家具，棉、麻、丝的织物，陶、砖、石的装饰物，乡村题材的装饰画，一切未经人工雕琢的都是具有亲和力的，不需要精雕细琢，即使有些粗糙，也都是自然的流露。

家具的材质与做工保留了原始风格，通常以松木或枫木为主要材质，沙发多为布料，不论装饰品还是家具都是自然材质，有些家具甚至有刻意仿古与虫蛀的痕迹。

除了小碎花、盆栽、绿植、水果、瓷盘甚至是小动物，与田园景色中随处可见的景致，都是会出现在田园风中。

在感受舒适、体现悠闲自在感觉的同时，田园风格表现出一种充满浪漫的向往。运用欧美的经典元素，再用高雅的表现手法来体现。设计上讲求心灵的自然回归感，给人一种扑面而来的浓郁气息。把一些精细的后期配饰融入设计风格之中，充分体现设计师和业主所追求的一种安逸、舒适的生活氛围。

"6" 确定自己适合的风格

省钱又明快的现代风

空间特性：新房不希望更改过多格局

不喜欢复杂的装饰

不想花太多的预算在空间的硬件装修上，空间强调个性与设计感

业主个性：喜欢简洁、不烦琐的生活方式

对于现代设计风格情有独钟

童话美梦般的古典风

空间特性：喜欢温暖而丰富的空间色调

热爱充满人文历史文化的居家情调

装修预算足够

家具保养不是问题

家居空间面积要在40m^{2}以上

业主个性：对于古典家具情有独钟

喜欢欧洲国家的风土人情

希望与人分享古典风格装修经验

没有家居空间打扫的烦恼

自我主义的混搭风

空间特性：装饰与工艺品有不同风格的融合性

空间硬件装修简单不复杂

找不到类似且独一无二的空间风情

热爱异国情调

喜欢中西合璧的空间氛围

业主个性：喜欢现代设计感的同时又热爱古典
的迷人风情

擅长搭配不同风格的家具与装饰

不喜欢局限于一种家居风格

具备独到的个人审美

放松惬意的简约休闲风

空间特性：喜欢自然家居的氛围，以及融合现代风格特点

偏好暖调的原木、布、棉麻材质

家居线条简单、实用，拥有明亮的

采光与通透的空间感

业主个性：向往自然生活的上班族

喜欢接近自然却不擅长种花养草

不能接受过于前卫或者太过古典的家居风格

喜欢家里有度假般悠闲地感觉

随性自由、生活习惯简单

小清新的田园风

空间特性：热爱原木材质空间

可以接受碎花的元素

喜欢流行的自然空间

家居空间面积大于25m^2

喜欢在室内摆放装饰品和盆栽绿植

业主个性：向往田园生活

喜欢并且愿意花时间种花养草

对于特定田园风格情有独钟

喜欢无拘束的生活方式

特别喜欢田园风格的家具

15

第三部分
了解合理的装修需求

装修过程中，有人因为装修琐事而烦燥，有人干脆不闻不问躲清闲，也有人在这过程中自得其乐。装修未必全是纠结和困扰，聪明的人会找到自己真正关注的重点，把有限的时间投入到关键点上。这样做你会发现，装修会变得轻松不少，幸福也会离你越来越近。

明确自身的装修需求

家人需求

空间里居住的人与设计息息相关，一个人住和与家人同住的设计需求自然不同，尤其家中有老人或小孩等较特殊需求的成员更要注意。另外，还有宠物也算家庭成员，也应在设计时考虑进去。

生活习惯

家居空间的设计绝对不应该是统一的，而是必须根据业主的习惯有所变化，例如喜欢下厨的人，可能需要比客厅还大的餐厨空间，有年长者或小孩的家里，则需要特别注意浴室地面的防滑。

空间需求

空间需求包含动线的使用，但最重要还是收纳技能，在装修前先将自己所需要的收纳物品列表，例如有多少双鞋子、有多少书和CD、衣服是吊挂还是平放等这些问题。让设计师能针对收纳需求，规划出最符合业主使用习惯的设计。

对家居各空间的需求

在开始装修房子之前，先把自己的实际需求和想法整理罗列出来，绝对有助于与设计师及工程队的沟通。因此，在决定房屋的空间面积及装修风格之后，应将自身及家人的装修需求列出，以方便随时对照。

1.家庭综合背景、籍贯、教育、信仰、职业。

2.家庭性格类型、共同性、个别性格、偏爱、偏恶、特长。

3.家庭生活方式和对家务态度及习惯。

4.家庭经济条件。

以上信息都是业主在装修房子之前要考虑好的，以免造成不必要的争执及浪费，使之能尽快打造出理想家居。

家居空间不大的时候不妨考虑像这样规划设计，能节省出许多空间

边边角角的空间不妨按照自己的兴趣爱好规划出一片天地

例一：单身主义

单身一族由于购房资金有限，在装修方面小户型装修会为你省下不少开销。因为单身人士从事的职业不同，品位不同，性别不同，在单身家居装修中也分为几种不同的类型。

享受型

要求舒适宽松的环境，一回到家，即能沉浸在家的温馨中，让工作中的烦恼和不快抛到脑后，颜色应多以暖色为主，家居饰品摆放不宜过多。房间本身不大，随着居住时间的推移，屋内堆积的东西增多，很容易让人产生凌乱烦躁的感觉，影响在家中的心情，即使是装修得很高档也会感觉很乱。

适合人群：装修价格适中，适合一般经济条件，要求一定生活质量的单身一族。

时尚小资型

比较注重品位，舍得投入一笔不小的资金来装饰自己的小窝。在色彩上，男士多以黑白灰为主色调，给人以沉稳大气的感觉，有的女士则要求用粉色多一些。造型设计上，直线和斜线成为单身男士的最爱，硬朗的线条显得简洁大方，而曲线和圆的造型，更多地应用于单身女士的房间中。

适合人群：装修成本高，适合经济条件较好，生活品位较高的单身一族。

追潮型

DIY是这类单身人群的主要追求，具有一定动手和创造的能力。大到家具，小到饰品，装修手法独特，个性明显。比如，一些旧物经过改造后，可以变成方便生活，不同功能的家居用品，前卫的设计理念和创新的潮流家品，是他们饰家的秘密武器。新材料、新工艺近年来越来越受欢迎，适合于以我为主的年轻人。

适合人群：DIY装修成本不高，风格多变，但对设计师是个考验，设计费相对较高。适合资金有余，对设计有独特见解的单身一族。

经济实用型

少花钱，多办事。空间利用率高，家具实用且多功能化。家具最好选择小巧的，可随意移动、拆装、收纳和使用。或选占地面积小，比较高的家具，既可以装下大量东西，又不浪费空间。不必有太多的硬装修，做到少而精，把功能性放到最大化。

适合人群：家具可折叠，大大方便了户型狭小的业主，既省钱又省空间。

例二：二人世界

新婚家居的装修要有长远考虑，别光顾眼前一时的兴趣，还要考虑到今后子女的生活环境，以及父母来同住的方便。所以新婚家居布置不仅要使新婚时尽可能气氛热闹、喜气洋洋，还要满足长久居住的舒适、亲切和宁静。

首先，新婚房间的大小、光线、周围环境要全面考虑，整体设计。

在预算有限的情况下，装修就要抓住重点：凡是不可更改的地方，最好一次到位。地面和墙壁是最重要的，最好选择较好的装饰材料。而较少有人注意的屋顶，装修就可以简单一些。

布置新房要有整体感。

室内家具、装饰品、灯具要有统一风格，统一基调，达到相互协调和统一。任何一件色彩或造型不协调的东西都会改变整个房间的气氛。设想一个房间的家具，黑、褐、黄、白、棕、红都有，床罩、沙发套、窗帘五颜六色没有主次，就像一个不协调的乐章，实际等于色彩中的"噪声"，也是一种视觉"污染"。

不能贪多求全，希望所有的家具电器一次性到位。

而应该宁少勿多，宁简勿乱，多给人以空间。一般来说，必备的家具除了卧室中的双人床、衣柜，以及客厅中的沙发外，就是一套厨房中的成套橱柜。除此之外，其他家具都可以根据资金状况来安排。

注意季节与色彩的关系。

春、夏季多采用淡蓝、淡绿、淡灰、淡紫的家庭装饰品，应给人以凉爽、宁静、轻快、湿润之感。冬、秋季多采用暖色，如米黄、粉红、浅棕、橙色等，给人以温暖亲近感。记得，赏心

悦目又清新空气的盆花是美化家庭最好的装饰品.

主卧的布置和材质要突出清爽、隔声、温馨。

主卧大体是由床、衣柜、梳妆台、床头柜等家具组成。家具的造型及材料的选择不仅要柔和协调，更要注重它的实用性。由于现在的户型设计都趋向于大客厅小卧室，考虑到卧室的空间有限，最好将主要衣柜作嵌入式处理，以满足美观和贮存的需要。比如衣柜可直接作为墙体与装修形成一体，并分门别类布置挂杆、搁板、暗抽等；主卧的床下可设置带滑轨的大抽屉用来存放大量不常用的衣物及床上用品。梳妆台则视空间大小可选择活动或固定的方式，活动的可以使之与写字桌巧妙结合，一桌两用，节省空间。主卧的床头装饰墙可采用软包布艺装饰，因为软包色彩丰富，容易烘托温馨、浪漫的新婚气氛。

儿童房在设计上要保持相当程度的灵活性。

只要在区域上做一个大体的界定，分出大致的休息区、阅读区及衣物储藏区就可以了。在色彩上吸引孩子是设计儿童房的要点，男孩房一般以自然色调为好，清新向上，体现男孩明朗的个性；女孩房应注重浪漫温柔的情调，色彩明快丰富，以符合她们爱幻想的习性。家具应多采用组合式家具，以充分的机动性和一物多用的功能性来适应不断变化的用途需要。例如桌子应设计成可调整高度的，或考虑书写与计算机综合利用的；衣柜和玩具柜做成小组

合柜，利用床上空间做成收藏展示空间等。

如果房子的空间足够，在布置婚房时记得要给父母留一间卧室，以方便父母来同住。

老年人最重视睡眠质量，而对房间的装饰是否时尚，已不再追求。所以窗帘、卧具宜采用中性的暖灰色调，所用材料要多考虑质地与舒适感。 新婚家庭设计并没有什么统一的规定和模式，但总的说来都会经历两个时期，即新婚时尽可能气氛热闹、喜气洋洋，以及长久居住的舒适、亲切、宁静和典雅，当然，还要考虑到今后子女的教育环境。

第四部分
设计师很重要

当我们拿到房子，在装修最初的重要环节，就是找到一位好设计师及施工班组。但是在家居、家装创意设计中人才辈出，庞大的家装队伍中，仍然存在鱼龙混杂的情况。把自己或清晰或模糊的对家的渴望，交给设计师和施工班组，让他们凭借其专业水准对其完善并科学复原居住者的家居梦想。所以，一定要选择一个最适合自己的家装设计师及施工班组。

看起来是不错啦，但是设计费会不会太贵了……

"1" 参考自身承受能力和房屋状况

一般业主与设计师初次交谈时，出于双方的信任度低的原因，设计师往往会提供简单的建议。从这些建议中，可以看出设计师熟练运用设计的能力，同时也能大致了解设计师的个性。但绝对不能从第一次简单的交谈中就马上确定装修设计计划。因为首先是设计师可能对业主本身的房屋特点和要求并不是很明确，因此只能提供大概的设计方案，如果照此方案施工，往往装修出来的效果并不是业主真正想要的。因此，在确定设计方案之前，业主首先要做的事就是明确自身的各方面要求，例如基本预算、房屋状况及各空间功能需求等。

建议五类人最好找设计师

第一类是朝九晚五上班族。

工作时间固定、少有长期休假机会，对于事前的资料搜集及施工监工，无法全面规划及配合，很容易造成工程疏漏，继而影响施工品质、增加成本。如果时间不是问题，别忽略了请假的时间成本和自己长时间投入的劳

力。不断请假而产生的后遗症，如出勤纪录太差、上班不专心等风险，尤其当个人工作所得越高，请设计师代劳会更划算。

第二类是对图片理解悟性不高的业主。

图说能力不足者，因为不专业导致施工人员误解，造成施工成本增加、工期延长，就得不偿失，而聘请设计师，不但能提供设计图、施工图，还能制作材料表及施工数量、单价，如此便能有效控制装修预算。

第三类是偏好特殊设计的业主。

如果你对装修有特殊偏好，与其花时间寻找合适的建材与款式设计，倒不如直接找设计师协助评估与规划设计，较有效率，工程风险也较低。

第四类是待装修房子状况极差的业主。

房龄越大，装修施工的复杂性相对越高，尤

其是水电改造最为复杂；如果自行设计可能因漏估或失误造成不必要的开支，成本可能还高过请设计师规划。

第五类是装修内容多元化的业主。

此类业主对室内空间要求的功能较为复杂，例如增设视听间、使用中央空调等，需要与施工队密切沟通。请设计师统筹，可以降低装修工程的风险，避免不必要的追加费用。整个装修环节中，其实设计是其中的一个主要部分，好的设计影响到房子以后的美观及使用，往往很多业主初次装修房子没有找个好的设计师设计房子这个概念，等入住了才发现发生房子用起来有诸多不便。

经过设计师设计出来的家居空间，往往有一种整体感

请设计师帮忙设计，能省去不少精力，装修出来的效果也能使日常生活更加便利

6类房子需要找设计师装修

房龄过老

房龄20年以上，从未进行过任何装修，不仅房屋状况老旧、墙壁斑驳，还有漏水问题。包括顶面、地面、壁面及门窗都得更新的老旧房子。

结构有问题

房屋建筑结构有问题，例如建筑物严重偷工减料或地震造成严重的损伤或采光极度不良等。

需要大动格局动线

现有的格局完全不符合需求，需做极大幅度改变及调整，动线变动很大的房屋。

面积太小

面积太小的房子，因为空间小更需要创造出使用空间，若没有具备相当的专业能力，在空间利用上，会较难掌握。

房子问题较多

一般房子最容易出现的问题，莫过于梁柱等，若问题不严重，可以用包梁或封顶面来解决，但要是梁柱的问题较严重，最好还是寻求专业的协助。

室内格局怪异

并不是所有的建筑物都一定是方方正正的，例如多角形、倒三角形、不规则形等奇怪的格局，这种房子不是一般人能解决好的，最好还是要找专业的设计师来装修。

25

"2" 寻找设计师的三大方向

亲朋好友、同事推荐

不妨和周围的亲朋好友、同事打听一下，看有谁最近一段时间装修过房子，可以去参观下他们家的装修成果，然后请他们帮忙推荐。因为毕竟他们曾与设计师及施工班组有过接触，对他们的设计方案、施工品质、收费标准及售后服务都很了解，所以比较值得信赖。

家装设计类的图书、杂志、网站等

想要了解设计师一定要看他设计的作品，室内装修设计类的设计师一般都会刊登自己的作品在各大图书、杂志、网站上，能更直观地看到同位设计师的多种风格的作品，因此不妨多看一些，以观察他作品的稳定程度。

中介、房产介绍

一般的中介和房产公司都会有一些自己的室内设计师，因此可以请他们推荐。不过需要注意，中介、房产公司推荐的不一定就是适合你的，最好请他们带你看过推荐设计师的作品以后再决定。或者可以从已经被此设计师装修过房子的业主口中得到该设计师真实的信息。

"3" 了解设计师工作内容和收费

设计公司收费方式和收费

设计收费方式并不一样，一般分两次，第一次是签订设计合同时付一半，第二次付款时间是在第一次看设计初稿时。设计收费水平：根据设计师水平收费不同，一般最高的是知名设计师，收费最高可达数万，往往为外籍或港台人士；其次是高级设计师，一般不少于150元/m^2；然后是主任设计师，一般在120～70元/m^{2}之间；一般设计师收费为75～45元/m^{2}之间。也有一些装修公司的设计师是不收费的。

作为设计师应该了解业主要求

首先应该明确业主家庭人员结构（如三口之家、三代同堂）、年龄结构（如小孩已经上小学了、尚未结婚、父母已经退休等）、家庭主导人员个性（如以妻子为主的家庭，妻子的爱好是欧式风格还是简约主义等）、经济条件、职业等问题。

对房屋应该有基本的了解，然后根据房屋特征决定设计方案。房屋特征首先包括房型、朝向、楼层等因素，以及各功能区的联系。房屋特征还包括具体尺寸，由测量的房屋尺寸决定。测量房屋尺寸——一般公司是在签订设计合同之后进行的，设计费中应该包括这部分费用。测量房屋注意：

1、直线长度无误。

2、角度无偏差。

3、不忘测量房屋高度。

4、不忘测量门窗阳台、空调洞、落水管、进户门开启方式等细节。

5、明确联结关系。

6、准确测量水电管路及联结关系。

7、绘制初始图后有条件的话有必要复核一遍，其成果是准确的绘制《原始房屋平面图》基本布局。第一步：确定玄关、餐厅、客厅、楼梯（如果存在的话）的关系。第二步：确定房间的功能，即确定设计书房与否、老人房、儿童房。第三步：确定交通动线，满足室内行动与家具布置的关系。第四步：确定风格，设计主题墙，选择颜色。业主应与设计师反复沟通，由于对业主的了解并不是一次就能完成的，业主与设计师沟通应该反复进行，并把尽量多的问题全部交代清楚，尤其是上述因素全面清楚了解。方案设计成果《平面布置图（初稿）》、设计效果图。

装修房屋之前，要先与设计公司谈好一切相关内容，避免日后附加

好的设计师能够完美地展现出业主想要的效果，并往往会有惊喜出现

28

第五部分
各空间的设计特点

一般的住宅空间内部被有形或无形地划分为玄关、走道、餐厅、客厅、厨房、卫生间、书房、卧室、儿童房、老人房、储藏间、阳台露台等不同特性的空间。每个空间的使用机能和属性都不同，在规划时也有不同的考量。根据住宅的流线分析，以及各空间的功能性质，通常可将其划分为三类：一是家庭成员公共活动空间；二是家庭成员个人活动的私密性空间；三是家庭成员的家务活动辅助空间。

"1" 客餐厅的设计特点

客厅

客厅是接待亲友、组织家人团聚等活动的重要场所，又称为起居室。可分为休息聚谈区、视听区、娱乐区、阅读区、会客区等，有的家庭也把餐厅安置在客厅中。

客厅布局

对面式：沙发成二字形排列，电视柜则放在边侧，使家庭成员或客主之间能面对面交谈，感受到对方的表情。这

是以交谈为主、视听为辅的布局方式。

L形布置：客厅的沙发形成L形转角排列，与沙发某一边相对应的墙体侧

放置电视柜，从而兼顾会谈与视听娱乐。

U形布置：这种布局方式用于空间较为开阔的客厅，日常活动随意自如，是一种理想的布局方式，能营造出亲切和谐的氛围，有利于家庭团结，凝聚力强。

一字形布置：客厅沙发与电视柜分别靠边放置左右两侧墙面，节省空间，适合面积较小的客厅。

随意布置：在客厅内随意摆设组合家具，将沙发、茶几与装饰柜相互穿插。

可随意布置，灵活性较强。

色彩、材质与照明

客厅的色彩不妨选择中性色，能够让家庭成员和来访亲朋广泛接受，如米色、黄色等色彩均是首选。

装饰材料应明快，过于沉闷的木

质纹理不适合大面积装饰，可使用白色石材、彩色壁纸或涂料及玻璃不锈钢相互穿插结合。构造形态以简约直线为主，也可配以少量弧线造型。

照明灯光通透，以装饰吊灯为主，周边吊顶造型可间隙点缀筒灯，用于照射主题墙面，烘托核心部分。

餐厅

餐厅是供家人进餐的空间，它的色彩、家居、照明均应有利于促进食欲、融洽感情。

餐厅布局

连体型：连体型餐厅一般位于客厅边侧，与厨房相连，方便日常起居生活和厨房操

作。这种空间没有明确的隔断，厨房的油烟易渗透到客厅和走道空间。

独立型：这种餐厅处在一个四壁围合的独立空间，一般贴墙放置酒柜及装饰柜，餐桌椅居中，呈岛形布局，地面和吊顶造型形态规整、

上下呼应，设计风格庄重统一，一般用于使用面积较大的居室空间。

隔断型：利用隔墙、屏风或装饰柜将餐厅从客厅或其他功能区分隔出来，形成一个独立的就餐空间，最大限度地扩展了空间。一般来说，此类餐厅面积不大，餐桌椅一般贴靠隔断布局，灯光和色彩可相对独立。

卧室书房的设计特点

卧室

主卧室

主卧室一般处于居室空间最内，具有极好的私密性和安全性。睡眠是卧室的主要功能，此外，还应满足不同家庭成员的需要。因此，主卧实际上是具有睡眠、休闲、梳妆、盥洗、储藏等综

合使用功能的起居空间。

卧室属于私人空间，应根据不同的年龄而选择不同的色彩，如中年人可以米黄、乳白、淡紫色为主色调；老年人可以棕褐色家具配置米色乳胶漆墙面，也可在墙面满铺壁纸，更显温馨。

地面一般采用实木地板铺装，亲和力较强，床头边可铺设地毯。室内装修应多采用吸声、保温的装饰材料，少用金属、塑料等。

儿童房

儿童房一般与主卧相邻，是主人专为孩子设置的房间。儿童房的设计应考虑到儿童的成长过程，在婴儿期、幼儿期、青少年期均有不同的功能要求，应注重儿童房功能空间的可持续发展，如衣柜、床、书桌等家具应独立放置，不宜固定在墙面上，方便日后更换。应多使用圆弧形边角，避免尖锐的棱角造型。墙面上可铺贴壁纸或喷涂可擦洗涂料，方便保洁。

儿童房内的装饰装修应根据不同年龄、性别、性格来规划，采用不同的色调和装饰造型，装修成清新的环境，不宜过分强调某种固定的形式，以免儿童产生视觉疲惫。室内灯光和色彩应明亮通透，变化多样。电器插座应设在安全高度，并带有防护罩。

客卧

客卧是卧室的一个分支空间，用于满足来访亲友的休息需求。客卧一般来说较小，结构紧凑，一般贴墙放置单人或双人床和衣柜即可，针对过于狭窄的客卧可放置沙发床。此外客卧内的储

藏柜多作为整个家庭的储物柜，用于放置闲散衣物，体量可做得大些。客卧的室内装饰应简洁明快，大众化一些，不宜渲染过多装饰造型。

老人房

床是老年人最"珍爱"的家具之一，一张舒适的床往往令老年人避免许多老年疾病的产生，是健康生活的一个基本保证。由于人体脊椎呈浅S形，躺下时需要有适当硬度的支撑物，因此富有弹性的床垫对人体的舒适程度和睡眠的质量至关重要。体重较轻者睡较软的床，使肩部臀部稍微陷入床垫，腰部得到充分支撑。而体重沉者适合睡较硬的床垫，弹簧的力度能让身体每个部位贴在一起，特别是老年人的颈部与腰部是否得到良好支撑很重要。

老人身体状况再好，摔倒等情况

对于他们来说都是非常危险的。而浴室是最容易发生意外的地方，水汽造成地面湿滑，会令老人跌倒从而造成非常严重的伤害。地板最好选择防滑材质的。否则光滑的地砖或木地板一旦不小心洒上了水，就极容易令老人滑倒。

对于老人来说，再多的安全保障都不为过。随着年事渐高，许多老人开始行动不便，起身、坐下、弯腰都成为困难的动作。除了家人适当的搀扶外，设置于墙壁的辅助扶手便成为他们的好帮手。

老人大多视力有所下降，因而室内光源尽可能要明亮一些。另外，开关要科学合理，卧室的床头要有开关，以便老人起夜时随时可以控制光源。

建议家有老人的居室内不妨多放一些绿色植物，来保持空气的清新、视觉上的放松。另外，家中养一些花草，对于老人来说，也是一种修身养性的方式，对于保持精神上的轻松愉悦有着良好的作用。

书房作为工作、学习、私密会客的场所，需要一个安静的环境，在空间布置上，不宜与其他空间大面积相通，应设在一个单一封闭的空间内，避免喧闹，保持清净，提高功能使用效率。

书房的空间比较狭小，布置形式要因地制宜，主要以书柜和书桌为主，列出合理的位置关系。一般有下列几种布置形式：

T形：将书柜布满整个墙面，书柜中部延伸出书桌，而书桌却与另一面墙之间保持一定距离，成为通道。这种布置适合于

藏书较多，开间较窄的书房。

L形：书桌靠窗放置，而书柜放在一面墙边，工作、学习取阅方便，中间预留空间较大。

并列型：墙面满铺书柜，作为书桌后的背景，而侧墙开窗，使自然光线均匀投射到书桌上，清晰明朗，采光性强。

活动型：书柜与书桌不固定在墙边，可任意摆放，任意旋转，十分灵活。适合追求多变生活方式的年轻人。

书房的采光性要好，在书桌上应配置有长臂可调台灯。墙面色彩以浅蓝、浅绿、淡紫色为宜，让人集中精力阅读思考。

书房内应配置齐全的电器插座，如电源、网线、电话线、音箱线、电视线等，方便工作、学习时查阅资料，使用辅助设备。

"3" 厨房卫浴的设计特点

厨房

厨房的平面布置形式应合乎操作流程，应将整个厨房分为储存区、准备区、操作区三部分。根据现代厨房餐饮烹饪习惯，一般分为以下几种形式：

一字形：在厨房一侧布置橱柜等设备，功能紧凑，能方便合理地提供烹调所需空间，以

水池为中心，在左右两边分开操作，可用于开间较窄的厨房。

对面型：又称为并列型厨房，沿厨房两侧较长的墙并列布置橱柜、将水槽、燃气灶、操作台设为一边，将备餐台、储藏柜、冰箱等电器设备放置在另一边。

这种方式可减少来回走动的次数，提高厨房工作效率。

L形：将台柜、设备贴在相邻墙上连续布置，一般会将水槽设在靠窗

台处，而灶台设在贴墙处，上方挂置抽油烟机。这种形式一般用于长宽相似的封闭型厨房。

U形：将厨房相邻三面墙均设置橱柜及设备，相互连贯，操作台绵长，储藏空间充足。一般适用于面积较大、长宽相似的方形厨房。

T形：在U形的基础上改制而成，将某一边的橱柜向中间延伸突出一个台柜结构，此结构可作为灶台或餐台使用，其他方面与U形

基本相似。一般用于面积较大的开敞式厨房。

岛形：在较为宽阔的U形或L形厨房中央，设计一个独立的灶或餐台，四周预留可供人走动的空间。

采光、通风和照明:厨房的自然采光应该充分利用,一般讲水槽、操作台等操作强度大的空间靠近窗户。在夜间除吸顶灯作为主光源外,还需在操作台上的吊柜下方设计筒灯,配合主光源进行局部照明。

厨房的墙地面应保持整洁,具有防水、防油污功能,一般采用陶瓷面砖铺贴,色彩花纹丰富,装饰效果极佳,而吊顶处一般为架空层,多采用条形或方形扣板遮掩顶部

管道设备,材质简洁明快、光亮大方、易于清洁。

卫浴

在日常生活中,卫浴的使用呈多功能化,主要包括盥洗、家务、储藏、如厕、洗浴等五大类。其中前三类可集中为卫生间干区,一般设置在外侧;后两类集中为湿区,设置在内侧。平面布置形式有以下几种:

集中型:将卫浴内各种功能集中在一起,一般用于面积较小的卫浴。

分设型:将卫浴中的各主体功能单独设置,分间隔开,如洗脸盆、坐便器、浴缸、洗衣机、储藏柜分别设在不同的单独空间里,减少彼此之间的干扰。使用时分工明确、效率高,但所占空间较多。

前室型:将以上两种形式综合考虑,根据不同的需要,使各个部分穿插相连。这种形式非常普遍,一般用于面积较大的卫浴。

卫浴使用时湿气较大,顶面、墙面、地面的装饰材料均可与厨房相同。但色彩可明亮洁净,让狭窄的空间显得开阔。电线不宜明装,应埋设在墙内,电源插座应安装防护盖,电器的安装摆放应远离洗浴区,防止漏电。燃气热水器不得安装在卫浴内,电热水器不得安装在吊顶内侧。

"4" 细部空间的设计特点

玄关

设置玄关就是为了产生一个过渡空间，让人在心理上得到满足，保证家居空间的私密性。在玄关摆放的收纳柜的装饰造型也是整个家居风格的浓缩，能让客人在进入时感受到主人的品位。因此玄关的装饰造型应是精致、巧妙、富有内涵的，在装饰设计中需要精心雕饰。

独立式：指在平面布局上拥有独立围合的空间，是通向客厅、餐厅及走道的必经之路。这种类型的玄关装饰手法多样，一般以独立扩展一面墙设置鞋柜和装饰柜，且柜体功能详尽，能满足储藏、倚坐等起居行为。

相邻式：玄关与客厅或餐厅相连，没有明显的独立空间。在装修的过程中，要考虑到格调形式的统一，装饰柜及鞋柜不宜完全阻隔，应使用通透的玻璃或金属格栅，紧密联系相邻空间，在视觉上可融为一体。

过道楼梯

　　过道楼梯是家居的流通空间，是一个空间通向其他多个空间的必经之路。一般过道的形式分为一字形、L形、T形，也有少数为曲折线或弧线形。过道的宽度一般以1.0～1.5m为宜。

　　顶面一般设置装饰吊顶造型，缓解人在行走过程中的单一性，常常配合设置可储存的顶柜，形成了可再利用的储藏空间，但装饰造型力求简洁，常用筒灯或吊灯安置在造型内侧，光影变化丰富，装饰效果生动活泼。

　　地面光洁度要高，因为过道是居室中唯一不放置家具的空间。地面材料的选择应有变化，注意材料图案的视觉完整性和对称性。

　　墙面是过道的主要元素，过道所通向的各个房间门开在墙面上，在设计中如果有改造的可行性，可将房门交错开启，回避隐私，门扇的装饰造型应与过道顶面及地面相呼应。

楼梯的形式多样，在家居空间中大致分为一字形、L形、U形、旋转型。

一字形楼梯方向简单，上下空间联系较强，但占地面积较大，一般用于空间开阔的别墅。

L形楼梯中部设有90°的歇步转角，可贴墙设计，有利于节约空间，可与装饰墙柜相结合，同时强化了楼上空间的私密性。

U形楼梯中设有180°的歇步转角，用于面积狭窄的楼梯空间，节约占地面积，可与底层储藏间结合，也可在楼梯下方设计装饰景观。

旋转型楼梯造型生动，可塑性强，节约空间，但在设计和制作过程中应合理设计楼梯旋转半径，其半径一般不低于0.5m过于狭窄会造成陡峭的视觉心理和不安全因素。

装修原则

1. 楼梯的坡度不宜太大，同时要避免碰头。普通居室空间内的楼梯一般

跨越层高3m，由13～15级台阶组成，每级台阶高0.18～0.2m左右，台阶踏步宽度在0.25～0.28m之间，楼梯整宽0.6～0.9m左右，边侧栏杆高度不应低于0.9m。

2. 楼梯不仅要结实、安全、美观，在使用时还不应当发出过大的噪声。

3. 要使用环保材料。

4. 要消除锐角。以免对使用者造成伤害。

5. 扶手的冷暖要注意。另外，栏杆的宽度应考虑小孩卡住头的可能性，栏杆垂直构件的间距不宜大于0.25m，以防使用时跌落摔伤。

6. 施工要快捷、方便。

阳台露台

露台：一般是指住宅中的屋顶平台或由于建筑结构需求而在其他楼层中做出大阳台，由于它面积一般均较大，上边又没有屋顶，所以称作露台。

阳台：泛指有永久性上盖、有围护结构、有台面、与房屋相连、可以活动和利用的房屋附属设施，供居住者进行室外活动、晾晒衣物等的空间。根据其封闭情况分为非封闭阳台和封闭阳台；根据其与主墙体的关系分为凹阳台和凸阳台；根据其空间位置分为底阳台和挑阳台。

阳台露台的类型

有开敞式、封闭式、半开半封闭式，在装修的时候应认清其结构形式。悬挑突出的外置阳台不宜堆砌过多物件。

每当闲暇时，在这样的阳台坐一坐，翻看喜欢的小说，品一品喜欢的饮品，都是一件惬意无比的事情

装修时宜采用防滑地砖铺贴地面，保护好防水层，不能随意铺贴厚重的天然石材或在阳台露台上建筑园林景观，以免造成塌陷危险。

装饰材料多以不锈钢、铝合金边框的骨架型材为主，其间可铺设阳光板或彩钢板，但地面不宜铺设地板，以免暴晒开裂、雨水腐蚀。

装饰布置应尽可能简洁，保证采光和通风的顺畅，开敞式的阳台墙面最好加贴墙砖，避免雨水和晾晒衣物滴水浸入墙体，可适当增添绿色植物，让人感受到大自然的气息。

当三五知己前来做客的时候，如果家里有条件做这样的露台，不失为一种非常美妙的享受

阳台的设计其实很简单，最关键的：第一是防水，第二是防水，第三还是防水。

1）第一个防水——阳台推拉门的防水。在南方，阳台推拉门的施工技术，往往是家中能否安然度过台风季的关键所在。阳台推拉门的防水，要重视门的质量，密封性要好。防水框的里外方向不要搞错。如果阳台根本没有窗，或者阳台窗的防水不好，那么就轮到第二条防水线了。

2）第二个防水——阳台地面的防水。阳台地面的防水，第一就是要确保地面有坡度，低的一边为排水口；第二就是要确保阳台和客厅至少有2～3cm的高度差。要使客厅和阳台有这样的高度差其实是很难的，因为建筑上的高度差可能只有1cm左右。怎么办？建议用一块大理石板来做装饰，既实用又美观。当然，石板的两头和下面都要确实做好堵缝防漏的工作，用水泥加补漏灵即可。

3）第三个防水——保持阳台地漏的通畅。在大雨天和台风时，如雨量大于地漏的排水能力，就有可能使阳台

地面形成积水；水量太大，就有可能漫过推拉门的防水框

阳台在考虑美观性之前，首先要考虑安全及实用性，既不能放过多、过重的杂物，又要防水防风

而进入室内。这种情况虽然发生的可能性不大，但的确是存在的，所以不得不防，尤其室内地面是实木地板时。

露台的布置

第1步 增加功能性

像规划室内一样，露台也应该合理地进行功能分区：休憩、活动、就餐区，根据需求设置空间，才能让露台变得实用起来。

第2步 选好户外家具

户外家具有提供休息和连接室内外两重空间的作用。为了保持室内外风格的和谐性，一部分家具维持了与室内相一致的样式。将室内风格延伸到室外，居室面积也会在不知不觉中有种延展扩大的感觉。

保证户外家具的耐用性是非常重要的事情。擦洗方便、耐用耐磨的钢制框材是很好的选择，除了具有良好实用性之外，它们外形时尚，维护代价低廉的优点最为可取。如果再配上四季皆宜的织物靠垫，效果就更加完美了。

在采购家具之前，千万别忘记测量露台的面积，最好事先描画出家具摆放位置的草图，以便在选购时做到心中有数。

第3步 柔化露台边缘

如果觉得露台棱角分明，气氛不够温馨，不妨利用温暖的色彩和多样的材质将它们巧妙地软化。墙边可设置垫子来打破露台栏杆和砖墙的冷硬，平添一股柔和的气息，也让来访宾朋感染了喜悦的情绪。另外，地毯、桌布、餐巾、盆栽等小摆设都能为露台增加如室内一般温馨的居家氛围。

第六部分
家居空间的设计元素

耶~我们家真是色彩缤纷哦!

人们使用和感受着室内空间,随着社会的文明发展更加追求高质量、高品质的精致生活,而在室内空间中通常直接看到和感受到的是界面实体,因此对设计既有技术的要求,也有造型美观的要求,既有各个面的线性和色彩设计,又有材质选用和构造问题。兼顾美感与功能的家居是多数人的期待,掌握家居设计应包含色彩、照明、收纳、各个面、门窗等五大基础,要让家居看起来既有设计感又能满足生活的基础需求,一点也不困难。

"1" 和谐色彩搭配为空间加分

色彩在室内设计中起着改变或者创造某种格调的作用，会给人带来视觉上的差异和艺术上的享受。人进入某个空间最初几秒钟内得到的印象75%是对色彩的感觉，然后才会去理解形体。所以，色彩是室内装饰设计不能忽视的重要因素。在室内装修中的色彩设计要遵循一些基本的原则，这些原则可以更好地使色彩服务于整体的空间设计，从而达到最好的效果。

色相

说明色彩所呈现的相貌，如红、橙、黄、绿等色，色彩之所以不同，决定于光波长的长短，通常以循环的色相环来表示。

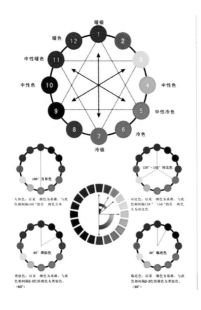

明度：表明色彩的明暗程度。决定于光波之波幅，波幅越大，亮度越大，但和波长也有关系。

彩度：即色彩的强弱程度，或色彩的纯净饱和程度，它决定于所含波长的单一性还是复

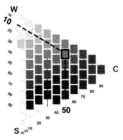

色相相同，明度和彩度不同的红色

合性。单一波长的颜色彩度大，色彩鲜明；混入其他波长时彩度降低。在同一色相中，把彩度最高的色称该色的纯色，色相环一般均采用纯色表示。

1.色彩感官

色彩对于人类是必不可少的，虽然它只是一种物理现象，但人们更愿意把色彩当成一种富于象征性的元素符号。它能影响人的心境、感情和性格，色彩情感是对客观世界的主观反映，当不同波长的光作用于人的视觉器官而产生色感时，必然会产生不同的心理感受。

(1)温度感。不同色相的色彩有热色、冷色和温色之别。色彩的冷暖既有绝对性，也有相对性。据研究表明，越靠近橙色，色感越热；越靠近青色，色感越冷。

（2）距离感。色彩可以使人产生进退、凹凸、远近、膨胀与收缩的不同感觉。如相同面积、相同背景的物体，由于色彩的不同，给人造成的视觉效果就各不相同。如浅色有膨胀感，深色与之相反有收缩感。

红黄两色的搭配，使空间热烈而饱满

黑白两色的搭配有一种冷静疏远的感觉

（3）尺度感。色相和明度两个因素影响着人们对于物体大小的知觉。暖色和明度高的色彩具有扩散的作用，使物体显得大些；而冷色和暗色则具有内聚作用，因此物体就显得小些。

图中两只明明一样的兔子，只是衣服的颜色不同，但给人的感觉非常不同

（4）重量感。色彩的重量感主要取决于明度和纯度，明度和纯度高的显得轻；明度和纯度低的色彩则给人重的感觉。

图中墙面装饰的小方块大小一样，摆放位置也是有规律的，但是整体给人感觉就是深色系的方块略向下，浅色系的方块略向上

室内色彩的分类

1、作为大面积的色彩，对其他室内物件起衬托作用的背景色。

2、在背景色的衬托下，以在室内占有统治地位的家具为主体色。

3、作为室内重点装饰和点缀，面积小却非常突出的重点称强调色。

不同色彩物体之间的相互关系形成的多层次的背景关系

色彩的统一

色彩的统一可以采取选用材料的限定来获得。例如可以用大面积木质地面、墙面、顶棚、家具等。也可以用色、质一致的蒙面织物来用于墙面、窗帘、家具等方面。某些设备，如花卉盛具和某些陈设品，还可以采用套装的办法，来获得材料的统一。

1）色彩的重复或呼应。即将同一色彩用到关键性的几个部位上去，从而使其成为控制整个室内的关键色。例如用相同色彩于家具、窗帘、地毯，使其他色彩居于次要的、不明显的地位。同时，也能使色彩之间相互联系，形成一个多样统一的整体，色彩上取得彼此呼应的关系，才能取得视觉上的联系和唤起视觉的运动。

空间选定几种大面积的主色调，能使空间更加有整体感

布置成有节奏的连续。色彩的有规律布置，容易引起视觉上的运动，或称色彩的韵律感。色彩韵律感不一定用于大面积，也可用于位置接近的物体上。当在一组沙发、一块地毯、一个靠垫、一幅画或一簇花上都有相同的色块而取得联系，从而使室内空间物与物之间的关系，象"一家人"一样，显得更有内聚力。墙上的组画、椅子的坐垫、瓶中的花等均可作为布置韵律的地方。

用强烈对比。色彩由于相互对比而得到加强，一经发现室内存在对比色，其他色彩就退居次要地位，视觉很快集中于对比色。通过对比，使各自的色彩更加鲜明，从而加强了色彩的表现力。

2、家居色彩的搭配原则

第一条，空间配色不得超过三种，其中白色、黑色不算。

第二条，金色、银色可以与任何颜色相陪衬，金色不包括黄色，银色不包括灰白色。

第三条，在没有设计师指导的情况下，家居最佳配色灰度是：墙浅，地中，家具深。

第四条，厨房不要使用暖色调，黄色系除外。

第五条，禁忌用深绿色的地砖。

第六条，坚决不要把不同材质但色系相同的材料放在一起，否则，会有一半的机会犯错。

第七条，想制造明快现代的家居氛围，那么就不要选用那些印有大花小花的东西（植物除外），尽量使用素色的设计。

第八条，天花板的颜色必须浅于墙面或与墙面同色。当墙面的颜色为深色时，天花板必须采用浅色。天花板的色系只能是白色或与墙面同色系。

第九条，空间非封闭贯穿的，必须使用同一配色方案；不同的封闭空间，可以使用不同的配色方案。

黑色和红色的搭配有一种无形的张力

3. 根据空间不同，选择不同的色彩

客厅的色彩可以依照主人个人的喜好来决定，像米黄、棉、麻、藤、陶的颜色都很适合。

餐厅可以在天花板或者背景墙做色彩变化。所用的颜色要可以促进食欲。例如黄色、柠檬色、橙色、樱桃色等。

在厨房中使用蓝、白会让人感觉很干净，绿色会使人觉得好像置身户外，橙色、黄色、柠檬色则会让菜肴变得更可口，都是很适合运用到厨房的色彩。最好能与料理台、橱柜的色彩相搭配。

卧室属于比较个人的空间，色彩以使用者的喜好为主，不过毕竟是休息的地方，像粉红色、嫩绿、淡蓝等都是不错的选择。

儿童房的色彩要依据小孩子的年龄而有所不同，不满两岁的儿童需要安全感，可使用很柔和的色彩，像淡黄、淡蓝、淡绿等，或者粉红、粉紫也都是不错的选择。

书房主要是要让人能够安心工作、学习，要给人一种沉静的感觉。因此可使用较深沉的色彩，墨绿色或者是咖啡色都不错。不过为了避免太过沉重，可以用麦色或浅色系来搭配。

4、据个人喜好配色

在家居生活中，个人的喜好和品位决定了色彩搭配。所以在确定居室色彩之前，要确定几个问题：一是你喜欢的颜色，二是你希望房间有什么样的感觉，三是这个房间将会有什么功能。

也就是在顾及人们的心理、生理、文化、修养等各种因素的同时，还要根据不同居住环境的使用功能来选择色彩。居室环境色彩设计应从整体色调入手，但也应注意各个环境的空间分区的设计方法。

大面积的蓝色墙面有一种深沉感，能将浮躁的空间氛围平静下来

绿色代表着生机勃勃，玄关选择绿色，能让人一进门就感觉到主人热爱生活的爱心

"2" 照明设计让空间更有氛围

当你在自己家里的时候，良好的照明能给你带来极大不同的感觉。它能帮助你更好地工作、生活，使你感到轻松、愉快、温馨、舒适，让你充分感受家的温暖。合理的照明也能增加房间的美感，增强家庭空间的戏剧性效果。它可以使一个小房间显得开阔，能使大房间显得更安逸、舒适，更具吸引力。它能营造更富有感染力的夜间娱乐环境，或者在你工作了一天后，让你疲劳的身心得到一丝温馨、舒适。在很多情况下，有了良好的照明就是不一样。与其他家装材料或重新安装布置的造价相比，良好照明并不是要那么昂贵就能带来更好的氛围。

家居照明常用的光源：

白炽灯：白炽灯是将灯丝通电加热到白炽状态，利用热辐射发出可见光的电光源。其光效虽低，但光色和集光性能好，是产量最大、应用最广泛的电光源。

性能：光效较低。

卤钨灯：卤钨灯是填充气体内含部分卤元素或卤化物的白炽灯。其具有发光效率高、色温稳定、光衰小等特点。适合用于需要正确识别色彩，照度

要求较高或进行长时间紧张视力工作的场所。

性能：亮度是一般白炽灯的两倍以上。

荧光灯：荧光灯的发光原理是利用低气压的汞蒸气在放电过程中辐射紫外线，从而使荧光粉发出可见光，属于低气压弧光放电光源。其光源色温丰富，可以做到全色温。

性能：光效是白炽灯的三倍以上，并且更加节能，寿命更长。

金卤灯：金卤灯是在高压汞灯基础上添加各种金属卤化物制成的第三代光源。其发光效率高、显色性能好、寿命长，是一种接近日光色的节能新光源，适用于体育场馆、展览中心、车站等大型场所的室内照明。

性能：光效是白炽灯的3～4倍。

LED灯：LED其实是发光二极管，一种固态的半导体器件，可以直接把电转化为光的绿色环保新光源，其核心是一块半导体晶片。LED具有体积小、质量轻、耗电量低等特点，是取代传统光源的最理想选择。

性能：比传统光源在寿命和光效都高2～5倍。

灯具的识别：

吊灯：吊灯的花样最多，用于家居照明设计的分为单头吊灯和多头吊灯两种，前者多用于卧室、餐厅；后者宜装在客厅里。吊灯的安装高度，其最低点离地面应不小于2.2m。注意最好不要选择有电镀层的吊灯，时间长了易掉色。应选择材质内外一致的吊灯。另外，复式住宅适合豪华吊灯，一般住宅适合安装简洁式的低压花灯。

落地灯：落地灯在家居照明设计中常用作局部照明，对于角落气氛的营造十分实用。现在落地灯的发光方式非常灵活，若是直接向下投射，适合阅读等需要精神集中的活动，若是间接照明，可以调整整体的光线变化，营造整体家居空间氛围。落地灯的灯罩下边应离地面1.8m以上。落地灯的灯罩材质种类丰富，消费者可根据自己的喜好和装修风格来选择。

嵌灯：嵌灯有几种概念分为筒灯、天花灯和我们俗称的牛眼灯。嵌灯的特点是节省空间，减轻空间压迫感。一般是直射性的照明，因此在家居照明设计中常常用在低矮的空间如洗手间，特别适合一般住宅使用，以达到一般照明的效果。另外，嵌灯中的牛眼灯也可以用在展示柜上进行重点照明。

壁灯：现在的壁灯用途广泛并充满创意，例如那种与吊灯融合在一起的，就成了床上的一道风景，白天看上去是非常漂亮的装饰，晚上就变成了一个灯具。壁灯在家装环境中是比较常见的，是一种功能性和装饰性都不错

的灯具，适合于卧室、卫生间照明，其灯泡应离地面不小于1.8m。

灯槽：灯槽在现代家居照明设计中非常常见，一般与家里面的吊顶搭配。其好处在于安装方便，灯槽里面通过几次反射出来的光非常柔和，能达到一般照明的功能。其最大的作用在于能把整个家居空间轮廓重塑一遍，让原来看上去很平板的空间通过光影的交错产生立体感。

台灯：家居照明设计中必不可缺的是台灯。台灯按功能分类为装饰台灯、工作台灯和护眼台灯。一般客厅、卧室等用装饰台灯，工作台、学习台用节能护眼台灯。现代家居中台灯的功能地位已经被各种各样的灯具替补了，使用上比较偏重于装饰风格的考虑。

照明的两种方式：

一般照明：一般照明是为了达到最基本的功能性照明，而且一般照明起到了让整个家居照明亮度分布达到比较均匀的效果，让整体空间环境的光线具有一体性。一般照明方式适用于无固定工作区或工作区分布密度较大的房间，以及照度要求不高但又不会导致出现不能适应的眩光和不利光向的场所，如办公室、教室等。

局部照明：局部照明主要是对展示墙、书画和书桌面等家居空间中的特定位置提供照明。其目的是对一些艺术品或者精心布置的空间进行塑造性的一种照明，其可以让整个空间在视觉上形成聚焦，让人的眼球不由自主地注意到被照明的区域，达到增强物质质感并突出美感的效果。要注意的是眼睛不宜长时间注视局部照明的区域以免引起视觉疲劳。

重点照明：由一般照明和局部照明组成的照明方式。是为了保证应有的视觉条件。良好的混合照明方式可以做到：增加区域照度，减少工作面上的阴影和光斑，在垂直面和倾斜面上获得较高的照度，减少照明设施总功率，节约能源。其适用于餐厅、会客厅等常用的家居区域。

还往往配备射灯等装饰性的灯具，以适应某些特殊用途。如客厅里经常会放些精品柜、壁画等，这些都需要采用特殊性灯光进行照射。另外，在客厅的空间设计中，目前有些人喜欢在居室中摆放休闲沙发，那么在沙发旁就有必要放置一盏落地灯。这种落地灯的光可以向上照射，再从天花板上反射下来。这样光线就能均匀地散布在卧室的每个角落。另外，为了突出表现各个分区、灯光布置也是大有文章可做。客厅有不同的分区：沙发、视听、酒柜、活动区、通道等，这些地方的灯光设计原则以营造多个局部并使整体协调，通过不同的明暗手法，营造适合于不同心境的灯光效果。另外，对于客厅的灯光设计，有许多人喜欢采用间接照明。

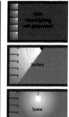

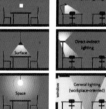

主要空间的照明：

客厅灯光设计：中国人的文化决定了客厅的重要地位，从休息到娱乐，再到会客，客厅承载了诸多的功能。因此，在现在设计的客厅里往往设计有复杂的灯光系统，以兼顾不同的使用需要，这是从需求一面出发。同时，客厅

喜欢它是因为间接灯光在气氛营造上能发挥独特的功能性，营造出不同的意境。它的光线不会直射至地面，而是被置于壁凹槽或天花背后或是壁面装饰的背后，光线被投射至墙上再反射至地面，柔和的灯光仿佛轻轻地洗刷整个空间，温柔而浪漫。

另外，客厅的局部照明和功能性照明以及整体照明这三种种灯光设计需要适当比例，才能缔造出完美的空间意境。一些明亮活泼，一些柔和蕴藉，才能透过当中的对比表现出灯光的独有个性，散发出不凡的艺韵。一般来说，在客厅室内高度低于2.6m时，我们可以考虑吸顶灯或间接照明，如果是室内高度高于3m，则可以考虑水晶吊顶或花灯等，但其体积不宜过大，否则会令整个客厅空间显得狭小。客厅的向阳性一直是人们追求的方向，因此，在灯光设计上，我们可先捕捉自然光，再运用窗帘营造光影律动，不同材质的窗帘还有微妙的变化，发挥情境式的光源运用，变化客厅空间的层次感。

餐厅与厨房灯光设计：一般的居室空间会将餐厅与客厅的空间打通，因此，餐厅与客厅在往往有承接性。如果家庭用餐成员较多，特别是有老人，那么餐厅的照明亮度应该足够，但如果用餐成员较少，则灯光可采用更柔和的亮度，反而能产生一种温馨而不会冷清的感觉。因此，餐厅的灯光设计非常重要，另外，餐厅灯饰品种上也多样，因此，千万注意别形式大于内容。在选择餐厅灯具时，可选些造型简洁、色泽明快、高照度、中色温悬挂式吊灯，选型时照顾客厅与餐厅灯饰配套，不要让餐厅成为客厅的视角中心。

灯具的选择要根据业主个人、家居空间的具体需求

餐厅的照明要注意不能直接找到人脸，光线要柔和，不能太冷感

客厅的灯光表现形式有很多，一定要选择适合自己的

至于厨房灯具选择，应以功能性为主。例如可在顶部正中间装一盏嵌入式吸顶灯具或防水防尘的吸顶灯，突出厨房的明净感。最重要的是灯具的光源的显色性要好，以能真实再现食物色泽为佳。在做精细复杂的家务，如配菜、做菜时，最好在工作区设置局部照明灯具，如在吊柜下安装射灯或荧光灯具，有些抽油烟机自带的照明灯具。这些灯具都能照亮大块工作区域，选用的灯具的位置应尽可能地远离灶台，避开蒸汽和油烟，并要使用安全插座。另外，我们可以对橱柜内部放置的一些饰品或碗碟等区域，安装一些小功率射灯，以充分展示内部陶瓷餐具，竹篮和玻璃器皿或其他收藏品，使其焕发出悦人的美感。

卧室的照明设计：历来都以"温馨"二字为纲，通过合理灯光的设计能营造出一种私密空间，而渲染这种气氛以卧室的主灯最为重要。因此对主灯造型美感的要求应强过对亮度的要求，才可完成对卧室气氛的营造。卧室主灯的造型要与整个卧室空间的装饰风格一致。如果选用的家具造型比较简洁，就不要采用款型复杂的水晶吊灯。但如果摆放了西式的古典卧室家具，那一只简简单单的吸顶灯就显得很"单薄"了。

卧室照明一定要温馨，光线适合人们休息

无论是一字形、L形还是U形厨房，光源多采用顶面嵌入式射灯照明。

在照明上，卧室的床头灯是很重要的。所以无论您采用安装在墙上的壁灯，还是放置在床头柜上的台灯，最好都应带有调整照射角度和亮度的装置，这样对于在床上阅读和起居都很方便。人有三分之一的时光是在床上渡过，没有理由不重视卧室照明：卧室照明中低色温、低照明为主，可调光、开关要方便，一定要考虑小夜灯。如果有床上看书的习惯，床头台灯是个不错的选择。吸顶灯只有在没休息时才有用，否则睡在床上还"天上有个太阳"。卧室灯具选择要点：均匀漫射型灯具——吸顶灯，另外根据需要还可以选择以下灯具如：床头台灯（可配可不配）、可调光壁灯（可调方向、角度）、嵌入式小夜灯、衣柜：衣柜灯（触碰开关）。除了以上要注意外，另外卧室可尽量引进自然光源或多使用间接光源提供普遍照明。当然床头灯不能少。对于化妆台最好采用三基色的荧光灯管作照明，普通灯具最好不用，以免造成脸色不佳。

浴室的照明设计：特殊性决定了浴室对照明的实用性有着很高的要求，仅在室顶设置一个光源已经不能满足人们的要求。因此，对于浴室空间，除了在顶上装一个嵌入式吸顶防水灯以外，我们还可以在适当的位置采用

一些小功率的天花射灯为浴室空间创造一种浪漫，温馨的气息。浴室的照明设计最好是或浪漫或平易的情调，如复古的墙地砖在多层次灯光洋洋洒洒的照射下，带来了古典的美，而局部的投射光则将我们引入深邃。浴室的基本照明一般情况下应设计高一点，配合局部的射灯作气氛性营造。但在选择灯具时由于空间湿度大，所以应该选择一些防水防尘、安全性能较好的灯具以及光色较佳的光源作主要照明之用。且不可选择品质较差的灯具或光源，以免发生意外。在灯具的选择上我们可以采用一些天花射灯来营造洗手间的气氛照明。考虑到视觉的舒适性，

建议多使用间接光源或嵌入式灯具、镜前灯具提供普遍照明。

书房的照明设计：书房是工作和学习的重要场所，因此，在灯光设计上必须保证有足够合理的阅读照明。对于常常伏案书写的人，最好在写字台备一盏台灯作为局部照明，这样既显专业又有空间美观。建议最好不要采用直接照明，这样容易让人视觉彼劳，身心感到疲惫，不会想待在这个空间太久，思考也不集中。另外，建议可以在天花板四周安置间接光源作照明。间接照明可以避免灯光直射所造成的视觉眩光伤害。因此，我们在光设计上可让书桌靠近窗边，以保留自然光源，书房室内光源以间接照明为佳，容易让人心情沉淀。必要时，只需在书桌左上方增添台灯作为阅读时的加强照明，如选购可360°旋转或灯臂可以调整的电子式台灯。另外也可利用轨道灯营造某处的视觉端景。

除了要注意灯光的选择以外，粉刷家居墙壁时，也应根据灯光需要和条件选择合适或匹配颜色的乳胶漆。如白色：一般用白色粉刷墙壁的居多。因为白色不吸收阳光，反光强，使房间显得清洁、宽敞、明亮，较适合小或暗的居室。这种颜色的空间，在灯光的设计上应该可以减少灯具的数量。淡橙色：反射的光线比吸收的多，给人以热烈、愉快、兴奋和温暖的感觉，宜于冬季采用，如果更淡一些，便四季咸宜。红色：刺激性较强，一般不宜用来粉刷房间。不过，如果用极淡的粉色刷墙，再配以各色灯泡，整个房间将会被营造出热烈、温暖的气氛；用红色内墙乳胶漆来装饰结婚新房，更显得喜庆、热闹。淡蓝或淡绿：前者给人以清爽、开阔的感觉，后者具有安谧恬静的效果。

居室色调的选择与灯光的关系由于不同的颜色给人以不同的感觉。

在粉刷墙壁时，要注意墙壁色彩与家具、摆设色彩及布置位置的协调一致。另外，室内的色彩可以不拘于一种颜色，但房顶、墙壁、地面要依次渐降地布色，正如自然环境的过渡：天空的淡蓝，田野的浓绿，土地的黄褐、深棕。

"3" 充分利用空间做好收纳

聪明的收纳应该是有条不紊、不紧不慢且分类明确的。如果你有过收纳经验的话，一定知道合理利用空间最重要的就是做到合理分类物品，合理分隔储藏室。

通常来说，分类的原则就是个人的使用习惯和功能。首先要将需要收纳的物品逐一理出，先将物品按常用与非常用、体积大小、季节性等因素分类。其次，尽量简化收纳，常年压箱底的东西和杂物该清理的就清理。再次，学会找合适的位置。常用的、轻便的东西放在容易拿到的地方，不常用的、沉重的季节性东西则放在储藏室的内侧。最后，给可用的面积做估算，这也是分隔储藏室的重要依据。

1，先分大类：需要，不需要，不确定。

2，将"需要"属性的东西细分类：按照使用率，使用目的，形状等进行区分。因为是"需要"的东西，所以一定要好好思考，规定出适合自己的习惯和个性来定义细分类的原则。建议对于"需要"属性的东西中有纪念意义，非常贵重的东西，归纳在一起。

3，明确哪些是当季"需要"的东西，非本季专用的必需品要如何来保护。比如是要压缩，还是套上防尘袋挂

衣帽间的杂物最好能按季节来收纳

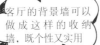

客厅的背景墙可以做成这样的收纳墙，既个性又实用

放，或者使用护具叠加摆放，或者直接进收纳箱。

4，将"不确定"属性的东西，按季节进行归类。对不属于当季的东西选择适合的保护及收纳措施。

5，根据居住环境的可利用收纳空间决定最后呈现方式的重点：空间划分，取放方便，一目了然等。将当季的"需要"以及"不确定"的物品都摆放在自己最喜欢的一个衣橱或者柜子里，甚至是衣橱中的一个区域。对于有纪念意义的特殊品，建议和非本季物品一起收纳在别的区域。

6，寻找满足要求的收纳技术以及工具。根据自己橱柜的空间特性和物品的特性寻找合适的整理柜，收纳箱是很

重要的。长宽高，形状，颜色都需要考虑清楚。

一定要保证最终完成的收纳量没有大幅超过自己预估的理想收纳量，如果超过了，那还是建议从"不确定"属性的物品中再理出一些"不需要"的物品吧。

沙发后也不应该浪费

楼梯下的空间经常被人忽视，但确实是极好的储藏空间

"4" 空间各个面的装饰

对于一个具有地面、墙面、顶盖的六面体的房间来说，室内外空间的区别容易区分，但对于不具备六面体的围和空间，可以表现出多种形式的内外空间关系，有时确实难以在性质上进行区别。在室内有限的空间中，人在视距、视角、方位等方面受到一定的限制。且由于室内的采光、照明、色彩、家具等因素造成的室内空间形象在人的心理上会产生比室外空间更强的感受力。

1.造型吊顶改善头顶压梁

现代建筑几乎少不了梁，过于突出的梁不仅会影响空间感，视觉上也会使人感到紧张、压抑。因此可以透过造型吊顶来化解横梁的压迫感。或者是以不同的吊顶材质来划分空间属性，吊顶不一定非要做，可以结合家居空间的实际情况而定。

2.吊顶设计取决于空间风格

造型烦琐的线板不仅可以调节空间比例，更能展现出古典的精神；而层层的迭级木质吊顶，则带有乡村田园风格的质朴；立体造型的吊顶，则凸显出现代风格的个性。

3.吊顶形式要与地面摆设相协调

以直线吊顶为例，直线吊顶围绕四周，相当于把某个区域框出来了，此时，如果顶面灯具位于吊顶的中心点，地面家具的摆放应与其相呼应，否则，人坐在沙发上，看头顶的灯，会感觉灯像歪了似的。

4.不同材质的地面可用来划分空间

划分空间功能的方式有很多种并不仅仅是墙面而已，不同材质的地面如柚木与瓷砖的反差，或不同贴法的地板如斜贴与正贴的对比，都可以达到视觉上分割空间的目的。

5.可用地面材质展现不同风格

仿古地板可体现出复古的怀旧感；大尺寸地板因其整体感观大气、气派，则能很好地表现出欧式的奢华感；石材或瓷砖则能体现出空间的清透、干净。因此不同材质的地面展现出不同的空间个性。

6.创意墙面造型，令空间动起来

每个空间都有集中视觉焦点的主

墙，如何界定主墙要看业主和设计师的规划了。可以以材质或是色彩来设计，也可以以空间风格作为主基调。总之，主墙的造型如果足够夺目，能为空间增色不少。

7、利用边角墙面提高空间利用率

有一些边角墙面，就像是鸡肋，但是如果能够很好地把这些地方利用起来，整个房子的空间利用率就提高了，还能增加房子的亮点。

8.墙面装饰，兼顾生活与美感

利用相框、画作、艺术品等饰品装饰传统单一的背景墙，这样墙面让空间不再单调乏味。单色的墙面上有了这些饰品作为点缀，立刻让整个空间变得明丽而富有雅致的韵味。

9.多元化的隔断墙面

随着装修业的发展，隔断墙所呈现出来的形式越来越多，这种形式包括造型和材质两个方面。如果想要更多的收纳空间，那么我们可以用一个柜子或是搁物架来作为隔断墙，如果要保证空间的通透性和采光，那么我们可以使用透明玻璃隔断或是线帘、珠帘的隔断墙。

"5" 良好的门窗设计可连接室内外

门与窗原始的定义只不过是墙上的孔洞，为人提供进出的通道，同时兼有通风采光、防火防盗的作用。门窗外是公有的，门窗内却是私有的。所以流沙河云："门一关，就是家天下"。但是门窗的意义并非仅此而已，大家可以注意到，一排排的房子建筑结构可能相同，但每个房子却独树一帜的风格，细看之下，原来是别具创意的大门或窗户，使房子充满了个性。

1.家居门的选择

目前门的实际使用功能可大体分为：入户主门、卧室门、书房门、客厅门、厨房门、卫生间门、阳台门等。一般来说，入户主门、卫生间门和卧室门宜采用实木门。入户门也就是门面了，从美观实用的角度出发，多数人家都会选用具有装饰效果的结实、厚重的木门；而温馨厚重的木门用作卧室门也能带给主人安静和安全的感觉；卫生间门可以采用玻璃门，如果面积允许，也可以用木门或者装有玻璃花格的木门。

由于木门和装饰风格息息相关，建议业主在装修之前，对哪个房间采用何种门，事先就要有一个明确的规划。木门的造型要与居室的装修风格相一致，家居的装修风格主要分为中式、欧式、简约、混搭、古典等，如果房间的装修是欧式风格，那木门也

最好选择欧式的，比如，雕花的木门和欧式的镜面彼此呼应。

另外，木门材质的选择也应尽量与室内家具的材质相一致，以便达到最佳的装饰效果。

（1）木门颜色与家具颜色靠近

好的色彩搭配是居室装饰的关键，因此我们在确定了款式之后，接下来就要考虑木门的色彩是否跟居室风格相搭配了。设计师建议，当居室内的主色调为浅色时，应当挑选如白橡、桦木等冷色系的木门，当居室内的主色调为深色系时，则应选择如柚木、沙比利、胡桃木等暖色系的木门。

木门的颜色和墙面、地面以及家具软装饰的颜色息息相关。设计师建议，如果你没有太大把握，只要将门的色彩接近一个"大环境"即可，或地面或家具或装饰，然后再在细节上区别一下，这样保证不会

出错;另一个要点是木门、墙面和地面最好保持一个色系，但是最好颜色不要完完全全相同，做到大方向一致细节上有些差异，防止地面同墙面混淆不清，减弱了居室空间感。

不少家庭喜欢用红色的"砖墙"装点客厅，这时如果装木门，最好选择颜色偏暗、发红的实木门。

（2）木门色彩与墙面颜色形成反差

在木门与墙面、地面的"色彩关系"里，木门同家具的颜色比较接近，同墙面色彩需要有一定的反差。

比如房间选择了白色的木门，最好让墙面有色彩，这样才会让房间有层次感，不至于太"平"。不少业主在装修时比较保守，选择了白色的木门后，仍然是白色的墙壁，使房间缺乏生机感。

2.各空间门的选择

卧室门：卧室门更强调私密，在选择的时候应该考虑其隔声效果，不同风格的装修选择不同风格的卧室门即可。一般卧室门

的洞口标准尺寸为2100mm×880mm左右。

书房门：根据不同的实际需要，书房可选择窄条磨砂玻璃或全玻及半玻的门，玻璃的选择上可选择磨砂、布纹、彩条等艺术玻璃。其门洞尺寸大多与卧室门相同，也有部分消费者选择在书房安装双推拉门，以增加套内的通透感和采光效果。（如果书房经常住人，则应选择和卧室门一样的标准门，以保持其私密性）

厨房门：厨房门的设计款式比较多，根据采光的要求，通透的玻璃门是厨房门的最佳选择，具体来说，厨房可以选择大面积玻璃门，既可以起到隔离油烟的作用，又可展示主人精心选购的橱柜。厨房门一般分为平开门和推拉门两种。门洞口尺寸在800mm宽度以内的，选择平开的玻璃门，门洞尺寸

在1400mm宽度以上的，可选择通透的大玻璃双推拉门。如果户型太小，空间不够，也可考虑使用折叠门。

卫生间门：卫生间门既可做成板式门，也可考虑采用玻璃门，设计时在保证私密性的前提下，门中央可以选择一小块长条毛玻璃装饰，在卫生间使用状况下，既保证了私密性，又让外面的人可以看到一丝灯光，避免打扰。卫生间门只能透光，不能透视，宜装磨砂玻璃或者深色雾光玻璃。另外很多消费都关心卫生间门的防潮问题，如果卫生间面积太小或者没有做干湿分区，可以考虑钛合金产品，经久耐用，免除了潮湿之忧。

3.节省空间的推拉门

最初的推拉门只用于卧室或更衣间的衣柜，但随着技术的发展与装修手段的多样化，从传统的板材表面，到玻璃、布艺、藤编、铝合金型材，推拉门的功能和使用范围在不断扩展。在这种情况下，推拉门的运用开始变得多样和丰富。除了最常见的隔断门之外，推拉门广泛运用于书柜、壁柜、客厅、展示厅、户门等。

饰元素。

5.隔断门让空间层次更丰富

私密且实用，是人们向往的家居氛围。私密不仅仅是卧室的问题，也可能与书房、浴室相关。实用，则需要把家居空间更加有效地利用起来。私密与实用兼得，不可小看隔断在其中的作用。隔断可以是滑动的，也可以是固定的。想要精彩隔断，就要有精彩设计。

如果采用玻璃或银镜做门芯，一般用5mm厚的；如果采用木板做门芯，则要采用10mm厚为最佳。有的厂商为节约材料成本，使用较薄的木板（8mm甚至6mm）来代替。太薄的木板，推拉起来显得轻浮、晃动，稳定性较差，而且使用一段时间后，极易翘曲变形，卡住导轨，导致推拉不顺畅，影响正常使用。

4.壁柜门设计感十足

壁柜门的使用，可以将寸土寸金的空间，区分出不同的功能区域，而且表面造型简洁、典雅、时尚，成为越来越多的人在装修之初就会考虑的家居装

6.普通门亦可体现家居风格

在一定程度上，门扇会成为家居风格的引导，这是因为家里可以没有别的装饰，但不能没有门扇。所以门扇不但可以成为家居风格的一部分，也能成为主导体。

7.家居窗的选择

窗户作为室内外沟通的唯一通道，也是室外噪声的唯一渠道，要想将噪声和被污染的空气隔绝在室外，那么只能从阳台窗着手。一个好的阳台窗应该具有良好的水密性和气密性，要能够隔绝噪声，安全防盗。只有做到了这几点，才能够满足现代人们居住的要求。

一般情况下，居室里面都会有两个阳台，四到五扇窗户，由于大小和功能不一样，所以使用的窗户也不一样，对于阳台来说，建议选用那种开启面积大，密封性能好的窗户，因为阳台作为

窗户的选择首先要考虑的是实用性，要保证能够隔绝室外的噪声和污染

窗户是连接室外的通道，造型优美的窗户更加能让人心情放松

室内外交流的重要通道，对室内空气流通起着重要的作用，可能白天室外的空气质量不太好，可是晚上和早上，是一天空气最清新的时候，这时候打开阳台窗，让室内憋闷一天的空气和室外新鲜的空气进行一下交流，这样也有利于家人的身体健康。所以这个时候就要求阳台窗要有一个很大的开启面积了。

对于卧室和书房等室内的窗户来说，一般情况下窗户的面积都比较小，而且这些地方是人们经常待的地方，对于隔声的要求会比较高，这样的话无框窗就不适合了，你需要一个保温隔热隔声效果好的窗户，那么建议选择断桥窗，断桥窗有铝木复合窗、木塑铝复合

窗和断桥铝平开窗三种窗型。由于材料不一样，档次也不同，铝木复合窗采用美洲橡木和镁铝合金相结合，外观高贵典雅，搭配室内实木地板与家具，内外向呼应，浑然一体，给人一种回归大自然的感觉。木塑铝复合窗采用木纤维和树脂高温加工而成的木塑型材来代替实木，达到绿色环保的目的，这种型材和实木比较接近，价位则低很多。

8.阳台窗也可以展现空间风格

阳台并不是只有铝合金窗可选，完全可以运用不同的材质来展现不同的美感。同样的，也可以运用不同的五金把手及色彩，或是在窗户上嵌上不同的装饰也会有意想不到的效果。

隔声级数和防盗级数，8层楼以上则需要考虑台风级数，因为楼层越高越无屏障，窗户的耐受度要求更为严格。

10.窗户类型

现在，新建商品房的户型非常多，窗户也多种多样。卧式窗，短而宽，是现代住房中的一种典型窗户；观景窗，装有大块玻璃，面积大，非常适合欧式或者田园等风格；飘窗是一种近几年比较流行的设计，就是把窗台向外飘出50～60cm，增加室内的使用面

积，使得房间更为开阔，这值得提倡。

11.窗户可增强空气流通性

窗户最好能完全打开，向外开的窗子设计一方面不影响室内空间的利用，另一方面也加强空气流通；反之，向内开的窗户，对于空间的利用非常不方便，并且窗角又容易碰伤人。

窗帘的作用已经不仅仅是遮光防风了，加入了更多美化空间的作用

9.根据层高选择窗户特性

窗户相关的装修需要根据实际的层高来决定，一般来说，5层楼以下的业主要考虑

第七部分
居室格局动线确定

这种房子看着太别扭了！怎么住得下呀！

　　动线，是建筑与室内设计的用语之一。意指人在室内室外移动的点，连接起来就成为动线。优良的动线设计在博物馆等展示空间中特别重要，如何让进到空间的人，在移动时感到舒服，没有障碍物，不易迷路，是一门很大的学问。至于家居的动线设计，也是相当重要的一环，长久居住在这个室内的人，会产生相当复杂的动线，例如主妇走到厨房的动线就可能有好几条，如何考量并留下足够的空间，是需要设计的。

"1" 搞清格局动线的配置原则

格局动线配置的第一步，就是要先确定你想要的空间有哪些。空间可根据特性分为三大类，公共空间：客厅、餐厅、玄关等；私密空间：卧室、书房等；附属空间：厨房、浴室、更衣室、储藏室等。要先了解空间特性再依据家人的具体需求及空间面积来做格局的配置。

1.确定自身及家人对空间的要求

无论是大空间还是小空间，都要全面考虑到自身及家人的各种需求。如果自己一个人住的话就要考虑自身对哪部分空间机能比较重，是睡眠质量还是接待会客，是否做饭等来决定重点空间的配置问题；如果家中有长辈的话，就需要考虑到老人喜静，应尽量将老人房设置在家居较安静的部分。同时老人容易起夜，卫浴应离老人房最近；家中有小孩子的话，则需要将儿童房设置在离主卧最近的位置。

2.空间要有取舍重点

针对所列出来的空间，再以其重要性作出一个渐进式的划分。这样就能很清楚地了解当空间确定的时候，你该怎么取舍空间。

3.要学会一室多用

如果所列出的空间种类很多，而房子本身的大小并不足以全部采纳，除

了设法作取舍外，也可将部分空间规划为一室多用，如书房可以兼职充当客房等，因此提高空间机能。

4.避免不良的室内布局

1）室内地板不宜前后低陷而中段垫高，或中段低陷而前后垫高，让人有起伏不平的感觉，老人小孩的步行安全更是值得考虑。

2）餐厅靠近大门而客厅则远离大门，使内外不分，更不符合使用原则。

3）室内房中有房或一房配多门互通者，动线错综复杂令人眼花缭乱。

4）厕所或厨房置在房屋的中心点不佳，厕所的污秽及湿气不易排出屋外，而厨房的油烟亦然。

5）必须经过厨房才能进入厕所者不佳。

6）厨房与厕所并排紧邻者不佳。

7）厨房与厕所相对者不佳。

8）厕所正对大门者不佳。

9）大门两旁是厨房及厕所者不佳。

10）套房的厕所门正对卧室者，潮湿秽气易影响人体健康，不佳。

11）大门正对阳台的落地窗不佳，气流相通太直接，缺乏缓冲性。

12）屋内横梁墙不宜过多，天花板不宜太低矮让人产生压力。

13）室内格局以方正为佳，最忌歪斜或奇形怪状者。

"2" 学会看懂设计图

平面图是室内设计师最基本也是最重要的沟通图面，不管是设计师或施工人员都一定要有平面配置图，才能清楚知道需求有没有被满足。但是平面图毕竟不是立体图且图上密密麻麻的数字及记号，怎么从图中看出设计师的规划是否有满足自己的需求呢？还有设计师提供的施工图又要怎么看呢？怎么知道设计师有把插头设计在所需要的位置呢？看懂设计师画的图很重要，以下图例教你怎么看懂图。

这里所说的设计图，包括效果图、设计方案和施工图。当一份设计好的作品放在眼前时，我们该如何去看呢？

设计方面去看

1）布局是否合理。

2）是否符合人体工程学，交通线设置是否合理。

3）用色是否符合色彩学原理。

4）用色是否符合色彩心理学原理。

5）设计风格是否统一，设计造型是否相配。

6）人工照明设置是否合理。

7）自然采光是否优化。

8）材料使用是否符合现实要求，搭配是否合理。

9）个体设计是否具有技术上的可实施性。

10）设计是否在真实的预算范围。

11）设计是否符合现行的技术规范与安全规范。

12）设计个体之间的关系、尺度的把握是否合理。

13）兴趣中心的营造。

14）设计元素的应用。

15）设计的创造性。如果是手工图，还需要看表现技法是否成熟；如果是电脑图，还需要看图像表现是否逼真。

业主需要核对设计师给出的效果图是否符合自己的要求

69

各空间部分平面图：

1. 原始隔间图

装修设计师在完成丈量后，会先绘出空间原始平面图，并标示管道间位置及门窗位置，屋主可以先找出门窗所在，了解整个空间格局现况。

2. 门窗尺寸图

通常装修设计师会在门窗位置标上尺寸图，要知道门窗的尺寸，就要先认识一下图上标示的代码。

WH，指的是"窗高＝窗台高＋窗户高"。

DH，指的是"门高"。

3. 梁尺寸图

梁会影响到空间的规划，要先确认梁的位置，通常梁是以虚线表示，其在图上的代码是：

BW，指的是"梁宽"。

BH，指的是"梁距离天花板高度"。

4. 天花板照明图

确认天花板的位置及高度，照明的方式包含灯具的位置及形式，如CH，指的是木作天花板高度。

5. 水电配置图

包含插座，电话，网路，电视出线口的位置及出线口的高度，还有数量。

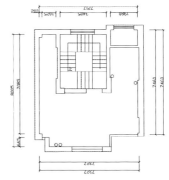

6. 柜体配置图

确认柜体包含衣橱，收纳柜等位置是否符合需求。

7. 木作立面图及木作内装图及侧面图

木作立面图主要是要确认柜子的形式、宽度、高度及材质；木作内装图则是确认柜子内部的装修设计包含抽屉或层板等，木作侧面图则是确认柜子的深度。

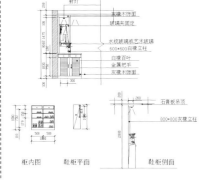

图样不规范、有以下明显错误表现：

1）没有楼梯大样图。

2）施工工艺达不到。

3）立面图与结构图不统一。

4）家具无结构图。

5）复杂、多级造型吊顶无剖面图，玻璃吊顶玻璃无厚度，种类，弧形顶无弧度。

6）尺寸未标注就做预算。

7）不靠墙、可活动家具、隔断应四面说明用材。

8）不标注玻璃厚度。

9）平面图上无标注说明（无方向标注、无地面材料说明、无墙漆说明）。

10）材料无型号、色号。

11）橱柜无功能配置，柜内材质（清漆,玻音软片及型号）

大众化的看图方法

普通业主本身并不具备按照上面理论来分析的能力，因为大多数并不具备这方面的知识。难道仅从画得漂亮不漂亮来看？笔者有以下几个方面的建议：

1）看图面大的配色是否顺眼。行内有一句俗话：和谐就是美。首先要从第一感觉来看。这是从大体上来说的。不管是不是内行，都会有自己的一种看法和审美观。

2）看真实度。很多设计师在画效果图时都会故意调整一些尺寸来尽量地满足自己图面的需要。例如20m²的房子画成40m²的，层高2.6m画成3.5m。而在平面图中，往往会把房子的框架面积和家具采用不同的比例，这尤其在开发商的图样上最容易发生。很多业主其实都看过无数次自己的房子了，这里一眼就可以知道究竟家里有没有这么大、这么壮观、能不能放下这么多家具。

3）看设计是否满足自己的需要。

一般业主都会有一些自己的需要。例如需要的柜子有没有，餐厅中餐桌的大小是否符合使用要求等。

4）设计是否有创意。一个好的设计，总会有画龙点睛之笔。在家装中，设计项目不是很多，所以一两个纯装饰项目就能体现出设计思想。

5）是否对现有的环境有改进之处。您的房子都会有这样那样天生的缺陷，有一些是无可救药的，但有一些是可以改良的，这里就最能看出设计师的设计技巧。

6）是否符合现实。有一些设计图天马行空得有点脱离现实，这也是值得注意的，这就要根据实际的国情、环境和家庭情况来看了。

综上所述，如果您拥有一定的基础知识，上面的两类看图方法都是可以参考的，或者选择一种比较符合自己实际的方法即可。

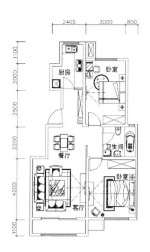

第八部分
挑选适合的装修材料

是呢是呢！我们果然是搭配天才！

　　新手总觉得装修很麻烦，毫无头绪。实际上，装修是件烦琐的事情，但还是有规律可循的。一般来说，基础家装采购需要几方面：洁具、地板材料、墙漆、门窗等，在选购这些材料时，可以根据专业家装公司制订的步骤分批挑选、购买。如果已经选好品牌，只要去不同建材城比较价格与款式即可，这样逛目的性比较强，很容易选出自己满意的家装用品；如果装修前不太了解市场行情，就要到市场上与产品进行全面的接触，在价格与品质之间进行权衡，挑选性价比最高的产品。

"1" 挑选材料前的注意事项

对第一次做家庭装修的业主来说，选购建材是首先要考虑到的问题，而由于没有经验，采购家庭装修中的一些必需品成了他们前期准备工作中的重头戏。目前来说，选购建材最主要的方式还是逛建材市场，对新手们来说，不是每个人都有耐心逛下去的。第一次装修房子，逛建材市场之前还是看看这些建议吧。

1.家人习惯

首先要考虑的就是居住的人，家中若有老人或小孩，大理石或抛光石英砖这类光滑的材质，以及铁质这种伤害性较强的材质就都不适合；如果有宠物的话，木地板容易被破坏也不适合。

2.空间性质

每一种材质都有其优缺点，像是厨房、卫浴等相对潮湿的空间，就不适用木地板及壁纸等怕湿怕潮的材质；卧室、书房这种相对私密的空间就不适合过多地使用玻璃等。所以在选材的时候要考虑到各空间的性质。

3.预算

材料的预算落差较大，以地板为例，贵的大理石一平方米可以到近万元，便宜的PVC地

板只要几百元，就算是同一种材质，价格也会有差距，所以当预算有问题

时，及时调整材料寻找可替代的材料是很好的解决方法。

4.家居风格

家居风格营造是否成功，往往是靠材料决定的。若家居风格是地中海或田园，就要选择具有温馨、质朴、自然感的材料，过于冰冷的大理石和玻璃就不太适合了。

5.施工期长短

每一种材料所需的施工期都不同，以地面为例，石材或瓷砖要先将地面磨光，施工所需要的时间最少也要一周以上，若想尽快完工的话，这些材料的施工期也是要考虑的。

家居装修常用材料推荐

室内装饰材料是指用于建筑物内部顶面、地面、墙面、柱面等的材料。现代室内装饰材料，不仅能改善室内环境，给人以美的感受，同时还兼有绝热、防潮、防火、吸声、隔声等多种功能。而近年来新推出的室内装饰材料，更加入了绿色环保的理念。

1.装饰石材

采集于大自然的石材，无论是色泽或是纹理，浑然天成，展现大气恢弘的高品位质感。石材的天然纹路种类众多，颜色从白色系、米黄色系、绿色系、咖啡色系、粉红色系、红色系到黑色系，千变万化。

② 大理石

硬度不及花岗石，但比其他地材坚硬，具有天然的纹路，无论是底色、结晶体、色泽都较柔和。纹路明显，需对花对纹，因此，会有损耗率产生。

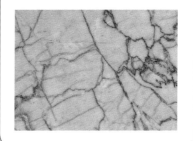

① 花岗石

硬度高、质地密、耐磨、耐压、不易风化、结晶体亮丽、色泽冷艳。大部分的颜色偏深，且有颗粒状花色，价格较高。

③ 人造石材

硬度不及花岗石，但比大理石硬，有石材的感觉，单价为石材的一半。取天然石材的碎石制造而成，无法呈现像大理石般的花纹。

2.陶瓷墙地砖

瓷砖不仅拥有多种尺寸、颜色、花纹、图案可供选择，另外易清洁、保养的特点也是使用率高的原因。由于瓷砖制造技术的推陈出新，不管是马赛克拼贴，还是抛光石英砖，或者是古朴的仿砖、具有设计感的花砖等，都让瓷砖富有多种风貌。

① 釉面砖

经瓷土烧成后于表面涂上釉彩，有各种不同的图案，质感较细致，有仿天然石纹、仿木、仿古等。

② 通体砖

通体砖是表面不上釉的陶瓷砖，而且正反两面的材质和色泽一致。通体砖是一种耐磨砖，虽然现在还有渗花通体砖等品种，但花色比不上釉面砖。

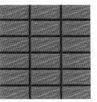

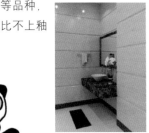

③ 抛光砖

是一种通体胚体的表面经过打磨而成的光亮砖种，是通体砖的一种。相对于通体砖的平面粗糙而言，抛光砖外观光洁，质地坚硬耐磨。通过渗花技术可制成各种仿石仿木效果。但是，抛光砖有个一明显的缺点，就是易脏，这是抛光砖在抛光时留下的凹凸气孔造成的。

④ 玻化砖

玻化砖是由优质高岭土强化高温烧制而成，表面光洁但又不需要抛光，因此不存在抛光气孔的问题。其吸水率小、抗折强度高，质地比抛光砖更硬、更耐磨。

⑤ 陶瓷锦砖

陶瓷锦砖又称为马赛克，经瓷土烧成后于表面涂上釉彩，因为是小块状瓷砖，可整块铺贴或任意组合，形状多变、颜色丰富，常用于卫浴及厨房墙面或玄关地面。

3. 装饰板材

在室内装饰装修中，板材的应用是最多的，一般用于制作吊顶、家具、橱柜、隔断、造型等。装饰板材的种类很多，但各种板材或多或少都有对人体有害的物质，在提倡"绿色环保"装修的今天，我们应该学会控制和合理使用装饰板材。

① 木芯板

是利用天然旋切单板和实木拼板经涂胶、热压而成。其竖向抗弯压强度差，横向则较高。具有规格统一、加工性强、不易变形、可粘贴其他材料的特点。

② 胶合板

胶合板有变形小、施工方便、不翘曲、横纹抗拉力性能好等优点，在室内装修中胶合板主要用于木质制品的背板、底板等；由于厚薄尺度多样，质地柔韧、易弯曲，也可配合木芯板用于结构细腻处。

③ 刨花板

刨花板是利用木材或木材加工剩余物作为原料，加工成碎料后，施加胶粘剂和添加剂，经机械或气流铺装设备铺成刨花板胚，后经高温高压而制成的一种人造板材。具

有密度均匀，表面平整光滑，尺寸稳定，无节疤或空洞，握钉力佳，易贴面和机械加工，成本较低等特点。

④ 防火板

具有耐磨、耐划等物理性能。多层牛皮纸基层使防火板具有良好的抗冲击性、柔韧性。

⑤ 铝塑板

易于加工成型，具有耐温、耐蚀、耐冲击、防火、防潮、隔热、隔声、抗振等特点。其外部经过特种工艺喷镀塑料，色彩艳丽丰富，长期使用不褪色、不变形，尤其是防水性能较好。

⑥ 吊顶扣板

常用于厨房、卫浴的顶面装修，其外观光洁，色彩艳丽。吊顶扣板一般分为塑料扣板和金属扣板两类。

⑦　石膏板

以石膏为主要原料，加入纤维、黏结剂、稳定剂，经混炼压制、干燥而成。具有防火、隔声、隔热、轻质、高强、收缩率小等特点，且稳定性好、不老化、防虫蛀、施工简便。

⑧　装饰木地板

在室内装饰装修中，地面铺设地板已成为室内装饰装修的重头戏，地板相对于地面砖而言，具有良好的亲和力，给人以柔软舒适的感觉。目前比较常用的木地板分为实木地板和复合地板两类。

4．墙饰类

墙饰类一般分为壁纸、壁布等。壁纸一般粗分为印花、压纹、布纹、绒纹、卡通等形式，但以材质又分为纸质和胶质。目前最常用的壁纸为塑料壁纸，特点是耐水性佳，有隔热、发泡性等。

①　壁纸

特点是通气性良好，有单层及多层两种。原材料是纸张，里层纸用耐燃性很好的纸，表面用木滚、橡胶辊、凸版印刷、照相凸版印刷、丝印网印等方法印刷之后在上面涂刷树脂或压花纹等表面处理。

②　壁布

特点是吸声性好，材料是天然纤维的棉花、麻类、娟、草木的皮、动物的毛和化学纤维等。

5．涂料

涂料是指涂敷于物体表面，与基体材料很好地黏结并形成完整而坚韧保护膜的物质，是室内装饰装修的必备材料。早期的涂料主要是以油脂和天然树脂为主要原料，随着科学的进步，各种合成树脂成为广泛应用于涂料的主要原料，使油漆产品的面貌发生了根本变化，再用油漆一词已不恰当，故统称为涂料。涂料所包含的内容范围很广，既包括传统的油漆，也包括以各类合成树脂为主要原料生产的溶剂涂料和水性涂料。

① 清漆

俗称凡立水，是一种不含颜料的透明涂料。分为油基清漆和树脂清漆两类，一般多用于木器家具、装饰造型、门窗、扶手表面的涂饰等。

② 乳胶漆

与普通油漆不同的是，他是水为介质进行稀释和分解，无毒无害，不污染环境，无火灾危险。施工简便，业主可以自己动手涂刷。乳胶漆结膜干燥快，施工工期短，节约装饰装修的施工成本。

③ 真石漆

具有优异的耐候性和紫外线稳定性、永不褪色、黏结力强且无毒无味、施工使用方便、工艺简单、省时易干、可用水清洗、耐水、耐污染性好、质感好、易造型、表现力强等特点。

6. 地毯

地毯作为地面装饰材料之一，比起其他地面装饰材料，其发展的历史进程非常悠久，可以上溯到古埃及时代。地毯是一种高级地面装饰材料，他不仅有隔热、保温、吸声、富有良好的弹性等特点，而且铺设后，可以使室内显得高贵、华丽、美观。

① 羊毛地毯

纯羊毛制成，保温、柔软、舒适，底部不易受潮变形，耐用度高，可使用5年以上。清洁保养不易，且长羊毛地毯较不适合湿热气候，若使用时需要维持空间的干燥。

② 化纤地毯

人造羊毛、人造棉、人造椰麻、尼龙、亚克力等编织而成的地毯，价格最低，耐磨耐压，清洁方便，不易褪色，可任意设计、编织，图案变化最大，使用年限短。

③ 混纺地毯

混纺地毯种类很多，常以纯毛纤维和各种合成纤维混纺。混纺地毯结合纯毛地毯和化纤地毯两者的优点，在羊毛纤维中加入化学纤维而成。耐磨性比纯羊毛地毯高出五倍，同时克服了化纤地毯静电吸尘的缺点，克服纯毛地毯易腐蚀等缺点。具有保温、耐磨、抗虫蛀、强度高等优点。弹性、脚感比化纤地毯好，价格适中，受到不少人的青睐。

7. 玻璃

玻璃是以石英砂、纯碱、长石、石灰石等为主要材料，在1550～1600℃高温下熔融、成型，经急冷制成的固体材料。若在玻璃的原料中加入辅助原料，或采取特殊工艺的处理，则可以产生出具有各种特殊性能的玻璃。普通玻璃的实际密度为2.45～2.55g/cm³，密实度高，空隙率接近为零。

① 清玻璃

有百分之百的透视性，若要做成隔断墙建议使用强化玻璃以增加使用的安全性，且玻璃厚度最好超过5cm。

② 毛玻璃

毛玻璃虽不似透明玻璃具有视觉的穿透性，但把它运用到隔断或者柜子的立面上，对空间仍有很好的放大效果。毛玻璃的种类有许多种，但若决定要使用某一种毛玻璃的时候，最好统一，以免造成空间看起来太混乱。

③ 玻璃镜子

镜子虽然不像清玻璃一样有透视的功能，也无法像玻璃砖透光而不透视，但它却能让视觉在镜面的照映中得到延伸的效果，有放大空间的功能。

④ 玻璃砖

通常运用在取代宽度较为厚实的墙面上，一方面有安全性的考虑，另一方面也有解决空间采光不佳的问题，玻璃砖也有多种色泽之分。

8. 装饰五金

锁具、五金、拉手、卫浴挂件、衣帽间、龙头、花洒等一系列五金产品在居室装修中起着重要的作用，小小一付合叶会成为每一扇门能否长久灵活开启的关键，更不用说优质小五金所固有的装饰美化效果了。

① 合叶滑轨类

合叶：合叶的重要性不仅在于防盗，要结实，还要注意不要有噪声出现。为了美观，合叶所用金属的颜色最好与门上其他金属制品（如门锁等）的颜色一致。

滑轨：不可不知的滑轨内部构造，在我们肉眼所无法看到的滑轨内部，是它的轴承结构，这部分直接关系到它的承重能力。目前市场上既有钢珠滑轨，也有硅轮滑轨。

② 拉手

家庭中多选择亚光古铜及铝合金工艺的拉手。门拉手也有与门锁结合制成的，都是为了满足人们生活的需要。一般讲，主卧室和卫生间的拉手应该具有门锁的功能，而副卧室与走道处则可以设置防风门锁。

③ 装饰锁具

锁具的色彩丰富，有镀金、镀钛、镀银、亚光、仿木纹、磨砂等。锁具的种类繁多，

有安装于房门上用的球形锁，用于防盗门防盗锁，对开大门的执把锁，用于卫生间防水性能强的不锈钢锁，家庭推拉门用的移门锁，用于玻璃门的玻璃锁等。

④ 铰链

铰链又称合叶，它分为：普通合叶，弹簧铰链；大门铰链；其他铰链。

移门、折门轨道及配件

移门轨道的材质有：铝合金，镀锌钢。式样有：插片式吊顶，侧面式吊顶，单轨，双轨。

9. 装饰灯具

灯饰是装饰性灯具的总称，灯具的种类繁多，造型千变万化，是室内装饰装修中非常重要、也是大量使用的一种装饰材料。不仅起着照明的作用，也是美化环境、渲染气氛等极佳方式。

① 吊灯

吊灯提供的是任务照明和一般照明。采用了环状或锥状等组件来防止眩光，它们通常被用于吊式安装，放到餐桌上，厨房柜台上或其他场合。它们也可以采用调光控制器，更加灵活地运用灯光来满足需求。

② 吸顶灯

　　吸顶灯用于一般照明。他们被运用到大厅、大堂、卧室、厨房、浴室、洗衣间、娱乐室等使用率较高的房间。它们采用的光源有白炽灯、荧光灯和节能灯这三种。

③ 壁灯

　　壁灯通常用于补充一般、任务和重点照明。通常被作为餐厅花灯的配角，也可以用于过道、卧室、起居室的照明。另外我们也会在浴室的洗漱台的镜子那里看到这种灯的存在（称作镜前灯），也是壁灯的一种形式。它们采用的光源包括白炽灯、卤钨灯和节能灯。

④ 移动式灯具

　　移动式灯具可以提供一般、任务和重点照明三种，我们可以轻易地把它移到我们所需要的地方。桌灯，地板灯，间接照明灯这些各种各样的移动式灯具可以用来装饰我们的生活环境，大家在设计时

不要忽略它的重要性。另外还有一些小型移动式灯具，比如茶杯灯，翻转灯，可调式移动灯具，迷你反射聚光灯，桌面灯，钢琴灯，这些可满足我们对于任务和重点照明的需求。它们所需的光源有白炽灯、卤钨灯和节能灯。

⑤ 轨道灯具

　　轨道灯具能提供多种照明方式而不仅仅是重点照明。通过轨道这个灵活的装置，我们可以移动、摆动、放置和沿着轨道来单独调整一个灯具的照射瞄准点来照亮我们期望的物体。也可以来满足场景的变化；有可能的话大家还可以把花灯和吊灯也安装在轨道上来进行照明场景的设计。轨道灯具分正常电压和低压两种，可选择的光源有白炽灯、卤钨灯和节能灯。

⑥ 嵌入式灯具

　　嵌入式灯具是在我们的装饰设计中利用率较高的一种，它能灵活地满足我们的设计需求。将它嵌入到吊顶里安装，只需留出出光口和这些灯具的装饰细边即可。常见的嵌入式灯具包括格栅灯盘、筒灯、天花射灯这三种，另外照明的方向除了我们一般采用的向下照明外，还有洗墙照明，可调式重点照明两种。它们也是分低压和高压两种。光源的选择有白炽灯、卤钨灯和节能灯。

10. 卫生洁具

卫生洁具主要是由卫生陶瓷及其配件组成的。卫生陶瓷是用作卫生设施的有釉陶瓷制品，包括各种坐便器、水箱、洗面盆、净身器、水槽等。与卫生陶瓷配套使用的有水箱配件、水嘴等。

卫浴设备种类

卫生洁具是现代建筑中室内配套不可缺少的组成部分。既要满足功能需求，又要考虑节能、节水的要求。

卫生器具的材质，使用最多的是陶瓷、搪瓷生铁、搪瓷钢板，还有水磨石等。随着建材技术的发展，国内外已相继推出玻璃钢、人造大理石、人造玛瑙、不锈钢等新材料。卫生洁具五金配件的加工技术，也由一般的镀铬处理，发展到用各种手段进行高精度加工，以获得造型美观、节能、消声的高档产品。

卫浴器具的种类繁多，但对其共同的要求是表面光滑、不透水、耐腐蚀、耐冷热，易于清洗和经久耐用等。

目前国内常用的卫生洁具有以下几种：

① 洗脸盆

可分为挂式、立柱式、台式三种。

② 坐便器

可分为冲落式和虹吸式两大类。按外形可分为连体和分体两种。新型的坐便器还带有保温和净身功能。

③ 浴缸

形状花样繁多。按洗浴方式分，有坐浴、躺浴等。按功能分有泡澡浴缸和按摩浴缸。按材质分有亚克力浴缸、钢板浴缸、铸铁浴缸等。

④ 冲淋房

由门板和底盆组成。冲淋房门板按材料分有PS板、FRP板和钢化玻璃三种。冲淋房占地面积小，适用于淋浴。

在选择卫生洁具上应注意以下几点：

1．卫生洁具在挑选洁面器、坐便器、浴缸或妇洗器时要考虑和地砖、墙砖色泽搭配协调。

2．在选择坐便器之前要弄清楚卫生间预留排水口是下排水还是横排水。

3．在选择节水型坐便器时，要弄清坐便器是否节水，不能光看水箱的大小。

4．如何区别卫生洁具陶瓷质量的好坏，一般高品质的洁具釉面光洁，没有瘪塘、色差、针眼和缺釉等现象，用硬质物敲击陶瓷发出的声音清脆。

11．厨房用具

所谓工欲善其事，必先利其器。要调理出香喷喷的美食，当然要有一套既干净又效率高的厨房设备，利用先进的厨房家电来帮忙，才能在烹调时掌握火候和速度，做出一桌精致美食。

厨房用具主要包括以下5大类：

第一类是储藏用具，分为食品储藏和器物用品储藏两大部分。食品储藏又分为冷藏和非冷藏，冷藏是通过厨房内的电冰箱、冷藏柜等实现的。器物用品储藏是为餐具、炊具、器皿等提供存储的空间。储藏用具是通过各种底柜、吊柜、角柜、多功能装饰柜等完成的。

第二类是洗涤用具，包括冷热水的供应系统、排水设备、洗物盆、洗物柜等，洗涤后在厨房操作中产生的垃圾，应设置垃圾箱或卫生桶等，现代家庭厨房还应配备消毒柜、食品垃圾粉碎器等设备。

第三类是调理用具，主要包括调理的台面，整理、切菜、配料、调制的工具和器皿。随着科技的进步，家庭厨房用食品切削机具、榨压汁机具、调制机具等也在不断增加。

第四类是烹调用具，主要有炉具、灶具和烹调时的相关工具和器皿。随着厨房革命的进程，电饭锅，高频电磁灶、微波炉、微波烤箱等也开始大量进入家庭。

第五类是进餐用具，主要包括餐厅中的家具和进餐时的用具和器皿等。

成套橱柜的选购

以往家庭厨房是一个相对独立的区域，目前正与家庭的空间连为一体。因而对橱柜的外观要求日趋讲究，已不再是只要求能放置厨房器具，洗涤蔬菜，而开始追求橱柜的美观大方。对于现代成套橱柜的要求，丝毫不比其他家具逊色，各种款式的现代橱柜备受消费者欢迎。

在厨房整体化的观念下，应当注意的是，并非所有的家电用品都可嵌入橱柜内，应考虑到家电用品和橱柜在材质和散热性上的配合，否则会影响家电使用中的安全性，危害自身的安全。

橱柜的附件有水槽、龙头、煤气灶、脱排油烟机、洗碗机、垃圾桶、调料吊柜等，可以自己购买或请设计人员代为购买，以作全盘考虑。

橱柜的选购应重质量、功能、颜色等因素。产品应耐磨、耐酸碱、防火、防菌、防静电。设计上应兼顾美观、实用、便利的基本要求。功能上应充分考虑到家庭主妇的使用习惯及安全性。颜色上除个人喜好外则主要与厨房墙地砖、居室家具相协调。

橱柜的门板采用有阻燃性能的防火板、PVC模压板、亚光烤漆板、超光亮镜面板等。橱柜的台面板除了采用富美家贴面板外，还有色艺石和杜邦材料等。橱柜的内部材料通常采用中密度板，比较好的材料横截面上有绿色点状的防火材料。

85

第九部分
家具选择与搭配

不错？！简直太奇怪的好不好！

在老百姓家中，家具通常在工程中所占的比例较小，故往往只作为附属项目来完成。那时无论是业主还是装修公司，主要注意力都只集中在装修方案上。在方案确定后，家具便由施工单位顺带制作，或业主自己随意购买。但往往所购买的家具并不匹配自己的家居风格及动线。因此需要在购买时注意到这些。这里会帮助您找到适合自己的家具，让居室更加理想。

"1" 选择适合自家风格及自我个性的家具

家具的风格绝对能左右居家的个性，在角落或是沙发旁摆张线条简单、比例完美的个性椅，就能使整个空间带出了一种现代简约风的利落及设计感；如果喜欢古典的细致和优雅，那么有着优美线条及弯腿椅脚的洛可可风格古典家具，或者是雕花精细的巴洛克风格家具，都能营造出属于古典的华丽气息；若想要打造

充满自然气息的田园风，那么实木为主要材质的乡村风家具是一定要准备的。总而言之，要以自己的个性找到适合自己居家风格的家具。

清新休闲的田园风是放松的最好选择

巴洛克风格最大的特征是以浪漫主义作为造型艺术设计的出发点，它具有热情奔放的特点及丰富的造型

家具选购十要素

1、家具式样越"摩登"越容易过时，相反，传统家具的文化感染力经久不衰，且具有保值性。

2、淡颜色的家具适用于小房间或者采光条件较差的朝北房间等，照明较好的房间可选深颜色的家具，可显出古朴、典雅的气氛。

3、年老者不要赶"时髦"购买高大的组合柜，虽然高柜节约了空间，但爬高取物颇不方便。

4、新婚青年购买家具不但要式样新颖，还要考虑到将来小宝宝出世后的生活。比如，装在矮柜上的玻璃门很可能成为小孩的攻击目标，最好选择木门。

5、要注意环境特点，附近有工厂烟囱，灰尘较多，家具式样应选择简洁明快，否则清洁工作会浪费你大量宝贵的时间。又如，在较潮湿的房间里不宜用包角家具。

6、要留有余地。家具在居室的占地面积以45％为宜，还要留一部分地方放置家用电器及衣帽架等生活用具。

7、家具的平、立面尺度要和房间面积、高度相吻合，以免所购家具放不进，或破坏了已构思好的平面布局。

8、除了整套家具外，还要配置餐桌、餐椅、沙发茶几等家具。所以，事先要了解配置单件家具的颜色、式样和规格，免得日后难以配套。

9、买好的家具能否顺利地搬进房门，关键是家具的最长空间对角线不能大于通道或楼梯转角处的最大对角线。当然，设计家具时一般已参考房屋的建筑尺寸。但是有一些老式房子的住户应注意到此因素。

10、要注意家具的实用性，切不要华而不实只重式样，不看使用效果。所以，购进家具时要充分考虑自己的实际生活需要。

家具最能表现出空间风格

家具最需要的是四平八稳

家具布置的几条原则

家具是房间布置的主体部分，对居室的美化装饰影响极大。家具摆设不合理不仅不美观而且又不实用，甚至给生活带来种种不便。一般习惯把一间住房分为三区：

一是安静区，离窗户较远，光线比较弱，噪声也比较小，以布置床铺、衣柜等较为适宜。

二是明亮区，靠近窗户，光线明亮，适合于看书写字，以放写字台、书架为好。

三是行动区，为进门室的过道，除留一定的行走活动地盘外，可在这一区放置沙发、桌椅等。

家具按区摆置，房间就能得到合理利用，并给人以舒适清爽感。

高大家具与低矮家具还应互相搭配布置，高度一致的组合柜严谨有余而变化不足，家具的起伏过大，又易造成凌乱的感觉，所以，不要把床、沙发等低矮家具紧挨大衣橱，以免产生大起大落的不平衡感。最好把五斗柜、食品柜、床边柜等家具作为高大家具和低矮家具的过渡家具，给人视觉由低向高的逐步伸展，以获取生动而有韵律的视觉效果。总之，家具的布置应该大小相衬，高低相接，错落有致。若一侧家具既少又小，可以借助盆景、小摆设和墙面装饰来达到平衡效果。

巴洛克风格代表了浪漫和激情，它浓郁的色调，艺术的线条，繁复的雕花都给人以丰富的浪漫艺术想象，从中也能体会到一种冲破束缚，打破宁静的激情

89

当装饰装修完自己的房间以后，考虑的一个主要问题就是选择一套什么样的家具，如果配置的家具造型新颖，色彩悦目，用料考究，功能齐全，无疑会使居室"锦上添花"。因此，人们都希望配一套合心意的家具。在造型上，要求每件家具的主要特征和工艺处理一致。

首先，一套家具的腿的造型必须一致，不能有的是虎爪腿，有的是方柱腿，有的是圆形腿，否则会显示得十分不协调。

其次，家具的细部处理要求一致，如抽屉和橱门的拉手等，最好都呈一致的造型。在漆色上，一般常用的有褐色、荸荠色和木本色等，一套家具的漆色必须一致，油漆面要求色泽丰润，清新悦目，无发泡、无皱、疵点等现象。

在用料做工上，更强调其合理性、一致性，要从柜架、面板、侧板等各个部位检查，根据其受力的情况综合使用胶合板、纤维板，迎面纹理一致，胶合板不脱胶，不散胶，拼缝处严密，没有高低不平的现象，卯榫密实，不晃动不变形，柜门开启自如，抽屉抽拉灵活，到位正常。

在功能上，因每套家具的件数不等，其功能便有多少之分，但每套家具均需具有睡、坐、摆、写、贮等基本功能。若功能不全就会降低家具的实用性，至于挑选什么功能家具，应根据自己居室面积及室内门窗的位置统筹规划。在尺寸比例上，要看上去舒服顺眼，使人不致产生不协调的感觉。

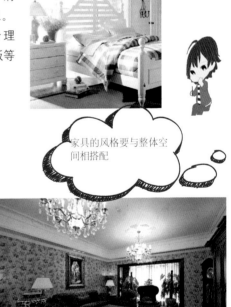

家具的风格要与整体空间相搭配

桌椅腿的造型保持要一致

现代简约系列家具

（1）强调功能性设计，线条简约流畅，色彩对比强烈，这是现代风格家具的特点。

（2）大量使用钢化玻璃、不锈钢等新型材料作为辅材，也是现代风格家具的常见装饰手法，能给人带来前卫、不受拘束的感觉。

（3）由于线条简单、装饰元素少，现代风格家具需要完美的软装配合，才能显示出美感。例如沙发需要靠垫、餐桌需要餐桌布、床需要窗帘和床单陪衬，软装到位是现代风格家具装饰的关键。

现代简约风格简约而不简单，简单的造型和装饰元素较少的家具组成的空间功能齐全，却不会显得拥挤烦琐，受到很多年轻家庭的青睐。

重点：因为现代简约家具造型简约流畅，没有过多的装饰元素，所以在做工上需要精致细腻（针对封边和转角处的接合），才会显示出家具的价值。

新古典系列家具

（1）简约而充满激情，清新而不失厚重。华美的古典气息以厚重的感情和大胆的革新精神将高雅与精巧的现代手法融为一体。

（2）自由奔放，不拘一格。

（3）去繁留简，时尚婉约。

新古典系列家具，在普通的中国大众眼里代表了上流社会的奢华与身份，它工艺精致，又充满实用性的功能，新古典家具的特点让我们感受到强烈的古欧洲的历史痕迹与浓厚的文化底蕴。正因为如此受到很多别墅及复式楼业主的喜爱。宽敞的空间配上稳重且精巧的家具既不失身份，又提升了自身对生活的品位。

现代风格家具简洁的造型、色调都是年轻人的最爱

新古典的家具在保持古典风韵的同时加入的现代元素，让空间不再烦琐

现代中式系列家具

（1）现代中式：在设计上继承了唐代、明清时期家居理念的精华，同时去掉了过于繁复的木雕装饰，把现代感十足的玻璃制品与古典家具融合。

（2）新中式家具追求的不是仿古，不是复古，而是追求神似。

（3）去繁留简，时尚婉约。

新中式的精华来自于古典中式，它去掉了过于烦琐的木雕装饰，在结合现代设计的基础上依然可以保留浓厚的书卷味，现代中式的家具代表的是亲近、自然、朴实、内涵丰富，颇受有较深文化底蕴的人喜爱。

韩式田园系列家具

（1）韩式田园家具小巧、精致、时尚、实用。

（2）象牙白配以绚丽的色彩和精美的图案，实木框架结构手工雕花。

韩式田园家具传承历史痕迹与深厚的文化底蕴，以平滑流畅和错综蜿蜒的形式表现出来，其悠扬的韵味带给人娴静、舒适的感觉，再加上细节的精心营造，体现出完美主义的唯美情怀。成为年轻一代追逐时尚、追求品位的最爱。

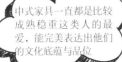

中式家具一直都是比较成熟稳重这类人的最爱，能完美表达出他们的文化底蕴与品位

小清新的韩式田园风格家具，非常适合心思细腻的女性

"2" 家具的尺寸和规格

如果家具尺寸与标准相差几厘米，虽然从外表看上去没有大的差别，但人们用久了，可能会出现脊椎变形、腰肌劳损、视力下降等问题。下面介绍各种家具常用的尺寸规格以作为参考。

沙发类

单人沙发：前宽≥480mm，小于这个尺寸，人即使能勉强坐进去，也会感觉狭窄。

深度：480～600mm范围内。

高度：360～420mm范围内。

桌椅

桌类家具高度尺寸：700mm、720mm、740mm、760mm四个规格。

椅凳类家具的座面高度：400mm、420mm、440mm三个规格。

桌椅高度差应控制在280～320mm范围内。

书柜类

国标规定搁板的层间高度不应小于220mm。小于这个尺寸，就放不进32开本的普通书籍。考虑到摆放杂志、影集等规格较大的物品，搁板层间高度一般选择300～350mm。

挂衣柜类

挂衣杆上沿至柜顶板的高度距离为40～60mm。

挂衣杆下沿至柜底板的距离，挂长大衣不应小于1350mm，挂短外衣不应小于850mm。

衣柜的深度主要考虑人的肩宽因素，一般为600mm，不应小于500mm。

"3" 家具在各空间的具体要求

在厨房

（1）吊柜和操作台之间的距离应该是600mm，从操作台到吊柜的底部，应该确保这个距离。这样，人们可以方便烹饪的同时，还可以在吊柜里放一些小型家用电器。

（2）在厨房两面相对的墙边都摆放各种家具和电器的情况下，中间应该留出大概1200mm的距离才不会影响在厨房里做家务。为了能方便地打开两边家具的柜门，就一定要保证至少留出1500mm的距离。这样的距离就可以保证在两边柜门都打开的情况下，中间再站一个人。

（3）要想舒服地坐在早餐桌的周围，凳子的合适高度应该是800mm。对于一张高1100mm的早餐桌来说，这是摆在它周围凳子的理想高度。因为在桌面和凳子之间还需要300mm的空间来容下双腿。

（4）吊柜应该装在1450～1500mm的位置。这个高度可以使人不用踮起脚尖就能打开吊柜的门。

在餐厅

（1）一个供六个人使用的餐桌大概有1200mm。这是对圆形餐桌的直径要求。对长方形和椭圆形桌的尺寸要求则是1400mm×700mm。

（2）餐桌离墙应该800mm远，这个距离是包括把椅子拉出来，以及能使就餐的人方便活动的最小距离。

（3）一张以对角线对墙的正方形桌子所占的面积要有1800mm×1800mm。这是一张边长900mm，桌角离墙面最近距离为400mm的正方形桌子所占的最小面积。

（4）桌子的标准高度应是720mm。这是桌子的中等高度，而椅子是通常高度为450mm。

（5）吊灯和桌面之间最合适的距离应该是700mm。这是能使桌面得到完整的、均匀照射的理想距离。

在卫浴

（1）坐便器所占的一般面积：370mm×600mm；悬挂式或圆柱式盥洗池占用的面积：700mm×600mm；正方形淋浴间的面积：800mm×800mm；浴缸的标准面积：1600mm×700mm。

（2）浴缸与对面的墙之间的距离要保持在1000mm左右。想要在周围活动的话这是个合理的距离。即使浴室很窄，也要在安装浴缸时留出走动的空间。总之浴缸和其他墙面或物品之间至少要有600mm的距离。

（3）安装一个盥洗池，需要空间有900mm×1050mm才能方便地使用，这个尺寸适用于中等大小的盥洗池，并能容下另一个人在旁边洗漱。

（4）两个洗手洁具之间应该预留出200mm的距离。这个距离包括坐便器和盥洗池之间，或者洁具和墙壁之间的距离。

（5）相对摆放的浴盆和坐便器之间应该保持600mm的距离。这是能从中间通过的最小距离，所以一个能相向摆放的浴盆和坐便器的洗手间应该至少有1800mm宽。

（6）要想在里侧墙边安装下一个浴缸的话，洗手间至少应该有1800mm宽。这个距离对于传统浴缸来说是非常合适的。如果浴室比较窄的话，就要考虑安装小型的带座位的浴缸了。

（7）镜子应该1350mm高。这个高度可以使镜子正对着人的脸。

在卧室

（1）双人主卧室的最标准面积是12m²。夫妻二人的卧室不能比这个再小了。在房间里除了床以外，还可以放一个双开门的衣柜（1200mm×600mm）和两个床头柜。在一个3m×4.5m的房间里可以放更大一点的衣柜；或者选择小一点的双人床，再在抽屉柜和写字台之间选择其一，就可以在摆放衣柜的地方选择一个带更衣间的衣柜。

（2）如果把床斜放在角落里，要留出3600mm×3600mm的空间。这是适合于较大卧室的摆放方法，可以根据床头后面墙角空地的大小在摆放一个储物柜。

在客厅

（1）长沙发与摆在它面前的茶几之间的正确距离是30cm。在一个240cm×90cm×75cm高的长沙发面前摆放一个130cm×70cm×45cm高的长方形茶几是非常舒适的。两者之间的理想距离应该是能允许一个人通过的同时又便于使用，也就是说不用站起来就可以方便地拿到桌上的杯子或者杂志。

（2）一个能摆放电视机的大型组合柜的最小尺寸应该是200cm×50cm×180cm。这种类型的家具一般都是由大小不同的方格组成，高处部分比较适合用来摆放书籍，柜体厚度至少保持30cm；而低处用于摆放电视的柜体厚度至少保持50cm。同时组合柜整体的高度和宽度还要考虑与墙壁的面积相协调。

（3）如果摆放可容纳三、四个人的沙发，那么应该选择140cm×70cm×45cm的茶几来搭配。在沙发的体积很大或是两个长沙发摆在一起的情况下，矮茶几就是很好的选择，高度最好和沙发坐垫的位置持平。

（4）在扶手沙发和电视机之间应该预留3m的距离。这里所指的是在一个25英寸的电视与扶手沙发或长沙发之间最短的距离。此外，摆放电视机的柜面高度应该在40~120cm之间，这样才

（3）两张并排摆放的床之间的距离应该保持90cm的距离。两张床之间除了能放下两个床头柜以外，还应该能让两个人自由走动。当然床的外侧也不例外，这样才能方便清洁地板和整理床上用品。

（4）如果衣柜被放在了与床相对的墙边，那么两件家具之间的距离应该是90cm。这个距离是为了能方便地打开柜门而不至于被绊倒在床上

（5）衣柜应该有240cm高。这个尺寸考虑到了在衣柜里能放下长一些的衣物（160cm），并在上部留出了放换季衣物的空间（80cm）。

能使观众保持正确的坐姿。

（5）摆在沙发边上茶几的理想尺寸：方形：70cm×70cm×60cm（高）。椭圆形：70cm×60cm（高）。

放在沙发边上的咖啡桌应该有一个不是特别大的桌面，但要选那种较高的类型，这样即使坐着的时候也能方便舒适地取到桌上的东西。

（6）长沙发或是扶手沙发的靠背应该有85～90cm高。这样的高度可以将头完全放在靠背上，让人的颈部得到充分的放松。如果沙发的靠背和扶手过低，建议增加一个靠垫来获得舒适。如果空间不是特别宽敞，沙发应该尽量靠墙摆放。

（7）如果客厅位于房间的中央，后面想要留出一个走道空间，这个走道应该有100～120cm宽。走道的空间应该能让两个成年人迎面走过而不至于相撞，通常给每个人留出60cm的宽度。

（8）两个对角摆放的长沙发，它们之间的最小距离应该是10cm。如果不需要留出走道的话，这种情况就能允许您再放一个茶几了。

第十部分
仔细规划装修预算

"装修预算不用算的太详细，因为详细的装修预算根本不管用"，这是很多曾经装修过，或者准备装修业主的普遍想法。其实，装修预算十分重要，制订一份详细的装修预算，不仅可以避免盲目消费，而且还可以控制家装资金的开支和分配。那么，到底装修预算应该怎么"算"呢？

怎么办，我还想买一些杂物，但这样就会超支了，都没有钱请人装修了

这些家具都好漂亮啊我都想买！

"1" 参考户型预算

序号	分部分项工程名称	单位	工程量	预算价值（元）		备 注
				单价	总值	
一、客厅、餐厅及过道						
1	地面水泥砂浆清光找平	m²	33.49	22.00	736.78	含人工及材料
2	拆除原厨房门处墙体	项	1.00	500.00	500.00	人工
3	拆除原阳台处玻璃门	项	1.00	150.00	150.00	人工
4	阳台贴地砖	m²	5.00	36.00	180.00	含人工及辅料
5	阳台地台边贴地砖	m	10.00	30.00	300.00	含人工及辅料
6	墙面、顶面刷白色涂料	m²	107.74	10.00	1077.40	含人工及材料
	小计：				2944.18	
二、主卧						
1	地面水泥砂浆清光找平	m²	12.30	22.00	270.60	含人工及材料
2	墙面、顶面刷白色涂料	m²	49.39	10.00	493.90	含人工及材料
	小 计：				764.50	

序号	分部分项工程名称	单位	工程量	预算价值（元）		备　注
				单价	总值	
三、次卧						
1	地面水泥砂浆清光找平	m²	10.10	22.00	222.20	含人工及材料
2	墙面、顶面刷白色涂料	m²	41.16	10.00	411.60	含人工及材料
	小计：				633.80	
四、客卧						
1	地面水泥砂浆清光找平	m²	4.76	22.00	104.72	含人工及材料
2	墙面、顶面刷白色涂料	m²	19.54	10.00	195.40	含人工及材料
	小　计：				300.12	
五、厨房						
1	包下水管	根	1.00	200.00	200.00	含人工及材料
2	做防水	m²	11.44	35.00	400.40	含人工及材料
3	门槛石	块	1.00	220.00	220.00	含人工及材料
4	地砖铺贴（不含地砖）	m²	6.17	36.00	222.12	含人工及辅料
5	墙砖铺贴（不含墙砖）	m²	27.99	36.00	1007.64	含人工及辅料
	小计：				2050.16	

（续）

序号	分部分项工程名称	单位	工程量	预算价值（元）		备 注
				单价	总值	
六、卫生间						
1	包下水管	根	1.00	200.00	200.00	含人工及材料
2	做防水	m²	25.41	35.00	889.35	含人工及材料
3	门槛石	块	1.00	220.00	220.00	含人工及材料
4	地砖铺贴（不含地砖）	m²	3.70	36.00	133.20	含人工及辅料
5	墙砖铺贴（不含墙砖）	m²	21.71	36.00	781.56	含人工及辅料
	小　计：				2224.11	
七、水电路及其他						
1	水电路铺设（人工）	m²	85.98	18.00	1547.64	人工
2	打线槽	项	1.00	300.00	300.00	人工
3	背打完线槽垃圾下楼	项	1.00	100.00	100.00	人工
4	铺完管子线路补线槽	项	1.00	300.00	300.00	人工
5	厨房卫生间墙砖碰角	项	1.00	300.00	300.00	人工
6	材料运输费（预计）	项	1.00	600.00	600.00	人工
7	材料搬运费（预计）	项	1.00	600.00	600.00	人工

（续）

序号	分部分项工程名称	单位	工程量	预算价值（元）		备　注
				单价	总值	
	小　　计：				3747.64	
	合计（一＋二＋三＋四＋五＋六＋七）				12664.51	
八、主材						
1	水电材料（预计）	项	1.00	1000.00	1000.00	材料
2	钢化玻璃封阳台	m²	9.64	200.00	1928.00	材料
3	卫生间浴霸	项	1.00	300.00	300.00	材料
4	厨房吸顶灯	项	1.00	300.00	300.00	材料
5	套装门	樘	5.00	500.00	2500.00	材料
6	客厅、餐厅房间强化地板	m²	54.85	55.00	3016.75	材料
7	卫生间热水器	台	1.00	3000.00	3000.00	材料
8	卫生间淋浴花洒（含混水伐）	套	1.00	500.00	500.00	材料
9	厨房橱柜	m	4.57	800.00	3656.00	材料
10	厨房三件套	项	1.00	4000.00	4000.00	材料

（续）

序号	分部分项工程名称	单位	工程量	预算价值（元）		备　注
				单价	总值	
11	厨房卫生间墙地砖及客厅阳台地砖	m²	64.57	55.00	3551.35	材料
12	厨房卫生间铝扣板	m²	9.87	65.00	641.55	材料
13	扣板收边线	m	20.00	5.00	100.00	材料
14	卫生间镜前灯	项	1.00	300.00	300.00	材料
15	卫生间洗手盆	套	1.00	1200.00	1200.00	材料
16	卫生间洗手盆水龙头	套	1.00	280.00	280.00	材料
17	便池水箱	个	1.00	150.00	150.00	材料
18	蹲便池	个	1.00	150.00	150.00	材料
19	洗衣机水龙头	个	1.00	35.00	35.00	材料
	材料合计（八）				26608.65	
九、人工及辅料与主材料合计					39273.16	

"2" 了解装修市场行情

　　装饰工程概预算的作用有：是建筑单位和施工企业招标、投标和评标的依据。

　　是建筑单位和施工企业签订承包合同、拨付工程款和工程结算的依据。

　　是施工企业编制计划、实行经济核算和考核经营成果的依据。

费用的组成：

　　建筑装饰工程费用由工程直接费、企业经营费及其他费用组成。

　　直接费：直接费包括人工费、材料费、施工机械使用费、现场管理费用及其他费用。

　　企业经营费：是指企业经营管理层及建筑装饰管理部门，在经营中所发生的各项管理费用和财务费用。

　　其他费用：主要有利润和税金等。

装修报价应注意事项：

　　报价要能表示出每个项目的尺寸、做法、用料(包括品牌、型号或规格)、单价及总价。必须提供详细的做法和材料及样板。

　　要留意客户所要求的装修项目是否漏报。

目前家装的收费标准有两种：

　　一种是根据北京市城乡建设委员会装饰工程预算定额收费。

　　而另一种是根据中国建筑装饰协会制订的家庭装修工程参考价格收费，它采取的是综合报价，将所有费用及利润等包括在内，不单项收费，目前家庭装饰市场多采用此方法。可参见北京市建筑装饰协会颁发的《北京家装市场近期装饰指导价格》和21世纪在线装修中心的《家庭装饰工程报价》。决定预算报价高低的几大因素：材料的规格、档次；房间设计功能；施工队伍的选择；施工队伍资质的高低；施工条件的好坏；施工工艺的难易程度。

　　家装工程款的支付。目前公司通常采取装修前先收定金500元，签下合同后收取工程款的60%，工程进行一半后收取工程款30%，竣工验收合格收取10%余款。

根据不同的装修户型、面积、风格，相应的收费也是不同的，装修公司在报价的时候业主应多多咨询。

"3" 警惕装饰工程中的价格陷阱

现如今大多数业主对装修市场不甚了解，即使是有过装修经验的业主也是数年前的事情，装饰材料的更新日新月异，其价格无法令每个人常记在心，很多装饰公司抓住业主的这一弱点，频频设置陷阱，造成业主不必要的经济损失。常见的欺诈手段有以下几种：

1、开低价，往高走。一些装饰公司和施工单位为招揽业务，在预算时将价格压至很低，甚至低于常理。别人开价10万，而他报价8万，别人报价5万，而他降至3万，诱惑业主签订合同。进入施工过程中，则又以各种名目增加费用。

2、在报价单上模糊注明材料品牌及型号。利用业主对装饰材料不了解的弱点，钻品牌空子，预算报价单上所列举的价格属于低端产品，如果业主发现质量不佳责令更换，装饰公司则提出加价。

3、任意增加工程量。在计算施工面积时利用客户不了解损耗率计算方式的弱点，任意增加施工面积数量，从而增加施工费用。

4、宣称"先施工，后付款"。不少公司提出"先施工，后付款"，目的在于让业主觉得合算，让业主看质量签合同，然后一旦签订装修合同后，就发现不是今天改设计加项目，就是明天变工艺加费用，如果装修款项增加不够就

肆意停工，耽误业主的宝贵时间。如果业主终止合同，另外寻求其他施工单位，则前期的工程与后续工程不相结合会造成施工难度加大，后续施工单位也会以此为借口增加各种施工费用。

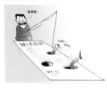

将前三张图放到一起，拿放大镜这张放大在它们上面

5.装饰材料以次充好。装饰公司在报价单上所指明的品牌材料与现场施工所采用的材料完全不符，或者在客户验收材料时以优质材料充门面，在傍晚收工时撤离现场。这种方式手法繁多，是惯用伎俩。

6.减少施工步骤。装饰公司为节约成本，指明下属的施工员减少工序，从而达到节约材料、缩短工期的目的，而业主并不是24小时在场，可以蒙混过关。

7.装饰公司与材料商相互勾结。装饰公司与材料商联合欺骗业主，在材料采购时，不了解内情的业主往往请设计师陪同，而这些人经验丰富，容易与材料商打成一片，在选购时轮番唱红白脸，待业主离去后双方各自分提成。这种现象不仅使业主利益受到损失，装饰公司自身也是受害者。如果发现这种现象，可直接向装饰公司高层或省市级装饰协会投诉。

8.材料选购中的熟人陷阱。在装修中不少业主利用自己的关系渠道请熟人作参考，选购材料，指定装饰公司，不少人看中装饰行业的高利润，往往弃情面不顾，与材料商、装饰公司联合欺骗业主，从中获利。

某某设计公司

墙面	￥5000
地板	￥89000
瓷砖	￥4800
油漆	￥1800
洗手台	

这个内容会不会太简略了，怎么没盖设计公司的章呢？

第十一部分
签订合同需谨慎

装修前，如果您对装饰公司提供的设计和报价满意，就可以进入签订装修合同的阶段。这时，正规的装饰公司就会和您签订一份施工合同或协议书。在签订装修合同前，首先要看一下该装修公司的营业执照和资质证书。

"1" 清楚合同内容

一份较为完整的家装合同包括工程预算、设计图样，施工项目的施工工艺、施工计划及甲乙双方的材料采购单。

1、工程预算

一般正规的装饰公司都会给业主出具一份较为完整的工程预算，包括工程项目、数量、单价和参考材料等。有过装修经验的业主大都发现在工程结算时，结算金额会与自己的预期时常有差距。这个问题除因施工过程中发生项目变更外，最主要的原因在水电改造上。由于装修公司和业主签订合同时，对现场的一些情况不是很清楚，所以报价时一般标注的是水电改造的项目单价，工程总费用里不包含水电改造的费用。工程结算的时候，做的是所有工程项目的结算，差异的出现也就是必然的了。因此，在签订合同时，应尽量要求装修公司提供一个水电改造的参考报价。

2、设计图样

设计图样关系到装修风格的最终实现程度，如果业主与设计师在沟通上出现偏差，对于工程项目的理解产生分歧，就难以实现理想的装修效果。因此，一份设计详细的图样，包括具体的造型和尺寸，将是消除设计师与业主理解上出现差距的有效办法。

3、施工工艺

施工工艺的好坏影响着家装的质量。在合同中施工工艺是严格执行约定工艺做法、防止偷工减料的法宝。

4、施工计划

一份较为严谨的施工计划能够保证装修工程按时交付，也能确保业主在施工方开始拖延工期时发现问题。施工计划的有效执行，也是业主保护自己权益的保障。

5、甲乙双方的材料采购单

对于合同双方的材料采购单，主要应在材料的品牌、采购的时间期限、验收的办法以及验收人员等方面作出明确规定。

特别提醒：审查合同细节

在签订合同时，要注意避免签订现实条件下达不到的条款。比如有的合同条款在相应的工程报价之下无法达到较高的施工质量，有的要求无条件绝对的环保。对于一些不切实际的合同条款，市场在进行合同认证时一般是不予支持的。

"2" 家装合同的注意事项

在专业性较高的装修市场中，一份规范的合同能减少不少纠纷和争议，更是业主维护自身合法权益的重要依据。因此，业主在和装修公司签订合同时，一定要认真阅读每项条款，发现不合理之处，及时提出并要求装修公司更改。等合同签好后，业主再提出的条款就很难得到装修公司的认可。

选择信誉好的装修公司，不要随便请装修"游击队"

在装修行业中，很多游击队都是挂靠大装修公司，或者存在装修公司把一些工程进行转包的现象。所以，业主在签订合同前，可要求公司出示其全套工商注册资料，以及一些相关资质证书，并且核对公司用的企业名称及盖的公章是否是同样的名称。

与装修公司洽谈，业主一定要有备而来，一则可以节省时间，二则不至于一问三不知。这些准备工作包括：明确装修要求；到材料市场去走走，了解材料的大致价格；确定装修价位，最好留有余地，比如确定一个最低价位和最高价位。

报价单不仅要看价格，还要看材料说明和施工工艺

业主在拿到装修公司提供的报价单后，一定要仔细阅读，很多业主拿到报价单后看的仅是价格一栏，报价低了就认为可以，报价高了就一个劲砍

价。其实，这样做是错误的。如果价格没有与材料、制造或安装工艺技术标准结合在一起，该报价就只是一个虚数。所以，报价单中需要关注的不仅仅是价格，材料说明及制造安装工艺技术标准也非常重要。并且业主要提防装修公司的单价陷阱，装修不比买别的东西，其价格非常不透明。所以，一定要擦亮眼睛，而且业主一定要和装修公司一起到现场测量并且计算实际的数据，看清楚所有报价再给钱。

业主一定要看清楚施工工艺，以保证最后的效果与想象中的相同

111

砍价时要把握好度，争取付款方式3：3：3：1比例

业主在和装修公司谈判的时候，不要进行过分的砍价。砍价前应该对每个项目，合格工程的最低价格有大概了解，砍价也不宜砍得太低，适中就可以。装修是先定价格再施工，如果砍价太低，装修公司又舍不得丢了这个单，很可能忍痛接了活儿但在装修过程中再想尽办法找回来。所以，和装修公司砍价一定要适可而止，而且，砍价前一定要约定好所有工序的工艺和用料，砍价后也要确认工艺和用料标准没有降低。在一般的装修合同中，装修付款方式通常是分三次付清。建议在签订合同时，尽量约定把付款时间按照工程进度3：3：3：1进行支付。

小心合同中出现的"按实际发生计算"的字眼，注意约定装修辅料的品牌及型号

与装修公司签订合同前，应该要求装修公司尽量详细地在报价单中标明每个项目的具体工程量，特别是在水电路改造这样的项目中，要避免装修公司使用"按实际发生计算"这样模糊的描述。

一般业主不会忘记在附件中约定一些材料的品牌和品质等级型号等内容，但注意的都是水泥、乳胶漆、大芯板等主材，而常疏忽辅料比如白乳胶、烯料、勾缝剂之类的建材。其实，辅料同样严重影响装修工程的环保性，无论用了多好的大芯板，如果所用的白乳胶是不环保的，那么完工后的家具一定是不环保的，其污染性是超乎想象的，所以在签订合同时一定要对工地所用的这些辅料的品牌及型号加以限定。

明确合同中对工期、保修等的约定，附有详细的设计图

装修合同中必须严格约定工期，而且应该明确约定如果施工方延误工期，应该对业主的赔偿责任，最好是每延误一日，按照总工程款的某个比例赔付给业主。切记在合同中只约定了工期却没有注明违约责任的工期约定等于一条空文。而且，业主一定要与装修公司约定项目保修，包括保修期限与保修范围，比如出了问题，装修公司是包工包料全权负责保修，还是只包工不负责材料保修，或是还有其他制约条款，这些都一定要在合同中写清楚。

业主还需注意，装修合同中必须附上详细的设计图，签订合同时要留意设计图是否标注了比例及详细的尺寸说

明，不明白的就要问，不合适的就让设计师改，这个时候一定不要嫌麻烦。

细节问题马虎不得，凡事多留几个心眼

为了防止因一些细节问题，业主和装修公司产生纠纷，业主们最好就这些细节问题和装修公司进行约定。如水电费用问题，装修过程中，现场施工都会用到水、电、煤气等，一般到工程结束，水电费加起来是笔不小的数字，这笔费用应该谁来支付，在合同中也应该标明。又如增减项目问题，多做个柜子，多改几米水电路等在装修中挺常见，但需在增减项目施工前，有文字约定，详细注明变更数量及价格并经业主签字认可方可作为结算依据。

房屋装修好验收的时候一定要注意工期、装修用料等问题

"3" 合同表

《北京市家庭居室装饰装修工程施工合同（2004修订版）》：

注："本合同仅供参考"，请与家装公司索要正式的合同文本，各家装公司请使用从各市工商局、各区县工商局及建筑装饰协会购买的正式的合同文本，使用其他各版本的合同无效，后果自负。

BF－2003－0203

北京市家庭居室装饰装修工程施工合同（2003版）

发包方（甲方）：＿＿＿＿＿＿＿＿＿＿＿＿＿＿

承包方（乙方）：＿＿＿＿＿＿＿＿＿＿＿＿＿＿

合同编号：＿＿＿＿＿＿　　＿＿＿＿＿＿＿

北京市工商行政管理局监制

二○○四年三月修订

使用说明

1．本市行政区域内的家庭居室装饰装修工程适用此合同文本。此版合同文本适用期至新版合同文本发布时止。

2．工程承包方（乙方），应当具备工商行政管理部门核发的营业执照和建设行政主管部门核发的建筑业企业资质证书。

3．甲、乙双方当事人直接签订此合同的，应当一式两份，合同双方各执一份；凡在本市各市场内签订此合同的，应当一式三份（甲、乙双方及市场主办单位各执一份）。

4．开工：双方通过设计方案、首期工程款到位、工程技术交底等前期工作完成后，材料、施工人员到达施工现场开始运作视为开工。

5．竣工：合同约定的工程内容（含室内空气质量检测）全部完成，经承包方、监理单位、发包方验收合格视为竣工。

6．验收合格：承包方、监理单位、发包方在《工程竣工验收单》上签字盖章或虽未办理验收手续但发包方已入住使用的，均视为验收合格。

7．工期顺延：是指非因乙方的责任导致工程进度受到影响后，工程期限予以相应延展。在工期顺延的情况下，乙方不承担违约责任。

粘贴印花税票处

北京市家庭居室装饰装修工程施工合同协议条款

发包方（以下简称甲方）：＿＿＿＿＿＿＿＿＿＿＿＿＿＿

委托代理人（姓名）：＿＿＿＿＿＿　民族：＿＿＿＿＿＿＿

住　所：＿＿＿＿＿＿＿　身份证号：＿＿＿＿＿＿＿＿＿

联系电话：＿＿＿＿＿＿＿　手机号：＿＿＿＿＿＿＿＿＿

承包方（以下简称乙方）：＿＿＿＿＿＿＿＿＿＿＿＿＿＿

营业执照号：＿＿＿＿＿＿＿＿＿＿＿＿＿＿＿＿＿＿＿＿

住　所：＿＿＿＿＿＿＿＿＿＿＿＿＿＿＿＿＿＿＿＿＿＿

法定代表人：＿＿＿＿＿＿　联系电话：＿＿＿＿＿＿＿＿

委托代表人：_____ 联系电话：_____

建筑资质等级证书号：_____

本工程设计人：_____ 联系电话：_____

施工队负责人：_____ 联系电话：_____

依照《中华人民共和国合同法》及其他有关法律、法规的规定，结合本市家庭居室装饰装修的特点，甲、乙双方在平等、自愿、协商一致的基础上，就乙方承包甲方的家庭居室装饰装修工程（以下简称工程）的有关事宜，达成如下协议：

第一条 工程概况

1.1 工程地点：_____

1.2 工程装饰装修面积：_____

1.3 工程户型：_____

1.4 工程内容及做法（见报价单和图样）。

1.5 工程承包，采取下列第_____种方式：

（1）乙方包工、包全部材料（见附表三）。

（2）乙方包工、部分包料，甲方提供其余部分材料（见附表二、三）。

1.6 工程期限_____日（以实际工作日计算）；

开工日期_____年____月____日（首期工程款到位后的第三日为开工日期）。

竣工日期_____年____月____日（按约定验收标准验收合格的日期为竣工日期）。

116

1.7 工程款和报价单

（1）工程款：本合同工程造价为(人民币)＿＿＿＿＿＿＿

金额大写：＿＿＿＿＿＿＿＿＿＿＿＿＿＿＿＿＿

（2）报价单应当以《北京市家庭装饰工程参考价格》为参考依据，根据市场经济运作规则，本着优质优价的原则由双方约定，作为本合同的附件。

（3）报价单应当与材料质量标准、制作安装工艺配套编制共同作为确定工程价款的根据。

第二条　工程监理

若本工程实行工程监理，甲方应当与具有经建设行政主管部门核批的工程监理公司另行签订《工程监理合同》，并将监理工程师的姓名、单位、联系方式及监理工程师的职责等通知乙方。

第三条　施工图样和室内环境污染控制预评价计算书

3.1 施工图样采取下列第＿＿＿＿种方式提供：

1. 甲方自行设计的，需提供施工图样和室内环境污染控制预评价计算书一式三份，甲方执一份，乙方执二份。

2. 甲方委托乙方设计的，乙方需提供施工图样和室内环境污染控制预评价计算书一式三份，甲方执一份，乙方执二份。

3.2 双方提供的施工图样和室内环境污染控制预评价计算书必须符合《民用建筑工程室内环境污染控制规范》（GB50325－2001）的要求。

3.3 双方应当对施工图纸和室内环境污染控制预评价计算书予以签收确认。

3.4 双方不得将对方提供的施工图样、设计方案等资料擅自复制或转让给第三方，也不得用于本合同以外的项目。

第四条　甲方工作

4.1 开工三日前要为乙方入场施工创造条件，以不影响施工为原则。

4.2 无偿提供施工期间的水源、电源和冬季取暖。

4.3 负责办理物业管理部门开工手续和应当由业主支付的有关费用。

4.4 遵守物业管理部门的各项规章制度。

4.5 负责协调乙方施工人员与邻里之间的关系。

4.6 不得有下列行为：

（1）随意改动房屋主体和承重结构。

（2）在外墙上开窗、门或扩大原有门窗尺寸，拆除连接阳台门窗的墙体。

（3）在室内铺贴厚1cm以上石材、砌筑墙体、增加楼地面荷载。

（4）破坏厨房、厕所地面防水层和拆改热、暖、燃气等管道设施。

（5）强令乙方违章作业施工的其他行为。

4.7 凡必须涉及4.6款所列内容的，甲方应当向房屋管理部门提出申请，由原设计单位或者具有相应资质等级的设计单位对改动方案的安全使用性进行审定并出具书面证明，再由房屋管理部门批准。

4.8 施工期间甲方仍需部分使用该居室的，甲方则应当负责配合乙方做好保卫及消防工作。

4.9 参与工程质量施工进度的监督，参加工程材料验收、隐蔽工程验收、竣工验收。

第五条 乙方工作

5.1 施工中严格执行施工规范、质量标准、安全操作规程、防火规定，安全、保质、按期完成本合同约定的工程内容。

5.2 严格执行市建设行政主管部门施工现场管理规定：

（1）无房屋管理部门审批手续和加固图样，不得拆改工程内的建筑主体和承重结构，不得加大楼地面荷载，不得改动室内原有热、暖、燃气等管道设施。

（2）不得扰民及污染环境，每日十二时至十四时、十八时至次日八时之间不得从事敲、凿、刨、钻等产生噪声的装饰装修活动。

（3）因进行装饰装修施工造成相邻居民住房的管道堵塞、渗漏、停水、停电等，由乙方承担修理和损失赔偿的责任。

（4）负责工程成品、设备和居室留存家具陈设的保护。

（5）保证居室内上、下水管道畅通和卫生间的清洁。

（6）保证施工现场的整洁，每日完工后清扫施工现场。

5.3 通过告知网址、统一公示等方式为甲方提供本合同签订及履行过程中涉及的各种标准、规范、计算书、参考价格等书面资料的查阅条件。

5.4 甲方为少数民族的，乙方在施工过程中应当尊重其民族风俗习惯。

第六条 工程变更

在施工期间对合同约定的工程内容如需变更，双方应当协商一致。由合同双方共同签订书面变更协议，同时调整相关工程费及工期。工程变更协议，作为竣工结算和顺延工期的根据。

第七条 材料供应

7.1 按由乙方编制的本合同家装《工程材料、设备明细表》所约定的供料方式和内容进行提供。

（1）应当由甲方提供的材料、设备，甲方在材料设备到施工现场前通知乙方。双方就材料、设备质量、环保标准共同验收并办理交接手续。

（2）应当由乙方提供的材料、设备，乙方在材料、设备到施工现场前通知甲方。双方就材料、设备质量、环保标准共同验收，由甲方确认备案。

（3）双方所提供的建筑装饰装修材料，必须符合国家质量监督检验检疫总局发布的《室内装饰装修有害物质限量标准》，并具有由有关行政主管部门认可的专业检测机构出具的检测合格报告。

（4）如一方对对方提供的材料持有异议需要进行复检的，检测费用由其先行垫付；材料经检测确实不合格的，检测费用则最终由对方承担。

（5）甲方所提供的材料、设备经乙方验收、确认办理完交接手续后，在施工使用中的保管和质量控制责任均由乙方承担。

第八条 工期延误

8.1 对以下原因造成竣工的日期延误,经甲方确认,工期应当顺延：

（1）工程量变化或设计变更。

（2）不可抗力。

（3）甲方同意工期顺延的其他情况。

8.2 对以下原因造成竣工的日期延误，工期应当顺延。

（1）甲方未按合同约定完成其应当负责的工作而影响工期的。

（2）甲方未按合同约定支付工程款影响正常施工的。

（3）因甲方责任造成工期延误的其他情况。

8.3 因乙方责任不能按期完工的，工期不顺延；因乙方原因造成工程质量存在问题的返工费用由乙方承担，工期不顺延。

8.4 判断造成工期延误以"双方认定的文字协议"为确定双方责任的依据。

第九条 质量标准

9.1 装修室内环境污染控制方面，应当严格按照《民用建筑工程室内环境污染控制规范》（GB50325−2001）的标准执行。

9.2 本工程施工质量按下列第_____项标准执行：

（1）《北京市家庭居室装饰工程质量验收标准》（DBJ／T01−43−2003）。

（2）《北京市高级建筑装饰工程质量验收标准》（DBJ／T01−27−2003）。

9.3 在竣工验收时双方对工程质量、室内空气质量发生争议时，应当申请由相关行政主管部门认可的专业检测机构予以认证；认证过程支出的相关费用由申请方垫付，并最终由责任方承担。

第十条 工程验收

10.1 在施工过程中分下列阶段对工程质量进行联合验收：

（1）材料验收。

（2）隐蔽工程验收。

（3）竣工验收。

10.2　工程完工后，乙方应通知甲方验收，甲方自接到竣工验收通知单后三日内组织验收。验收合格后，双方办理移交手续，结清尾款，签署保修单，乙方应向甲方提交其施工部分的水电改造图。

10.3　双方进行竣工验收前，乙方负责保护工程成品和工程现场的全部安全。

10.4　双方未办理验收手续，甲方不得入住，如甲方擅自入住视同验收合格，由此而造成的损失由甲方承担。

10.5　竣工验收在工程质量、室内空气质量及经济方面存在个别的不涉及较大问题时经双方协商一致签订"解决竣工验收遗留问题协议"（作为竣工验收单附件）后亦可先行入住。

10.6　本工程自验收合格双方签字之日起，在正常使用条件下，室内装饰装修工程保修期限为二年，有防水要求的厨房、卫生间防渗漏工程保修期限为五年。

第十一条　工程款支付方式

11.1　合同签字生效后，甲方按下列表中的约定向乙方支付工程款：

支付次数	支付时间	按工程款支付比率	应支付金额
第一次	开工三日前	55%	
第二次	工程进度过半	40%	
第三次	竣工验收合格	5%	

11.2 工程进度过半，指工程中水、电管线全部铺设完成，墙面、顶面基层按工序要求全部完成，门、窗及细木白茬制品基本制作安装完成为界定工程过半的标准。

11.3 工程验收合格后，甲方对乙方提交的工程结算单进行审核。自提交之日起二日内如未有异议，即视为甲方同意支付乙方工程尾款。

11.4 工程款全部结清后，乙方向甲方开具正式统一发票为工程款结算凭证。

第十二条 违约责任

12.1 一方当事人未按约定履行合同义务给对方造成损失的，应当承担赔偿责任；因违反有关法律规定受到处罚的，最终责任由责任方承担。

12.2 一方当事人无法继续履行合同的，应当及时通知另一方，并由责任方承担因合同解除而造成的损失。

12.3 甲方无正当理由未按合同约定期限支付第二、三次工程款，每延误一日，应当向乙方支付迟延部分工程款2‰的违约金。

12.4 由于乙方责任延误工期的，每延误一日，乙方支付给甲方本合同工程造价金额2‰的违约金。

12.5 由于乙方责任导致工程质量和室内空气质量不合格，乙方按下列约定进行返工修理、综合治理和赔付：

（1）对工程质量不合格的部位，乙方必须进行彻底返工修理。因返工造成工程的延期交付视同工程延误，按12.4的标准支付违约金。

（2）对室内空气质量不合格，乙方必须进行综合治理。因治理造成工程的延期交付视同工程延误，按12.4的标准支付违约金。

（3）室内空气质量经治理仍不达标且确属乙方责任的，乙方应当向甲方返还合同的工程全部价款；甲方对不达标也负有责任的，乙方可相应减少返还比例。

第十三条　争议解决方式

本合同项下发生的争议，双方应当协商或向市场主办单位、消费者协会等申请调解解决，协商或调解解决不成时，向＿＿＿＿＿＿人民法院起诉，或按照另行达成的仲裁条款或仲裁协议申请仲裁。

第十四条　附则

14.1　本合同经甲乙双方签字（盖章）后生效。

14.2　本合同签订后工程不得转包。

14.3　双方可以书面形式对本合同进行变更或补充，但变更或补充减轻或免除本合同规定应当由乙方承担的责任的，仍应以本合同为准。

14.4　因不可归责于双方的原因影响了合同履行或造成损失的，双方应当本着公平原则协商解决。

14.5　乙方撤离市场的，由市场主办单位先行承担赔偿责任；主办单位承担责任之后，有权向乙方追偿。

14.6 本合同履行完毕后自动终止。

第十五条 其他约定事项

甲方（签字）：＿＿＿＿＿乙方（盖章）：＿＿＿＿＿

法定代表人：＿＿＿＿＿＿＿

委托代理人：＿＿＿＿＿＿＿

＿＿＿年 ＿＿月 ＿＿日　　　＿＿＿年＿＿月 ＿＿日

市场主办单位（盖章）：

法定代表人：

委托代理人：

联系电话：

＿＿＿＿年 ＿＿月 ＿＿日

附表一：工程报价单

序号	项目	单位	单价	数量	合计金额	工艺做法	用料说明

甲方代表（签字盖章）：　　　　　　　　　乙方代表：（签字盖章）：

备注：此表用量较多，企业可复印作为合同附件。

附表二：甲方供给工程材料、设备明细表

序号	材料名称	单位	品种	规格	数量	供应时间	供应验收地点

甲方代表（签字盖章）：   乙方代表：（签字盖章）：

备注：所供给的材料、设备须有经行政管理部门批准的专业检验单位提供的检测合格报告。

附表三：乙方供给工程材料、设备明细表

序号	材料名称	单位	品种	规格	数量	供应时间	供应验收地点

甲方代表（签字盖章）：　　　　　　　　　　乙方代表：（签字盖章）：

备注：所供给的材料、设备须有经行政管理部门批准的检验单位提供的检测合格报告。

129

附表四：工程竣工验收单

验收时间	年　　　　月　　　　日
工程名称	
工程地点	
竣工验收意见	
施工单位　签字（盖章）：	
监理单位　签字（盖章）：	
发包方（用户单位）　签字（盖章）：	
备注：竣工验收中，尚有不影响整体工程质量问题，经双方协商一致可以入住，但必须签订竣工遗留问题协议，作为入住后解决遗留问题的依据。	

附表五：家装工程保修单

施工单位名称	年　　　月　　　日
单位法定代表人　联系电话	
发包方（用户）姓名	
发包方指定代理人　联系电话	
施工单位　签字（盖章）：	
开工日期　联系电话	
保修期限　自　　年　　月　　日　　到　　　年　　月　　日	
甲方代表（签字盖章）：　　　　　　　　乙方代表：（签字盖章）：	
备注： （1）自竣工验收之日起，计算装饰装修保修期为两年，有防水要求的厨房、卫生间防渗漏工程保修五年。甲方使用、维护不当造成饰面损坏或不能正常使用，乙方酌情收费维修。 （2）本保修单在甲、乙双方签字盖章后生效。	

第十二部分
监工过程中要掌握质量

许多人装修的时候喜欢天天往施工现场跑，但是毕竟我们不是专业人员，也没有经验，不知道要看些什么。其实，装修工地能够直接反映施工质量的优劣，尤其是涉及装修质量的细节问题都能一一在工地中反映出来，仔细查看这些环节不但能检验工人的施工质量，还能及时发现装修中的问题，防患于未然。下面就来看看装修监工中的诀窍吧。

"1" 了解装修流程

要监工前一定要对各工程项目的流程有一个大概的了解，以下的表格作为流程项目的一个施工参考，由于各工程的施工项目有所差异，以及设计师技工班的习惯考量，所以与实际情况还需要作一些调整和改动。

以80～100m² 的家居为例：

1 进场，2天左右

2 供应水电材料

3 泥土准备，3天左右

4 水电铺管，5天左右

5 泥土施工，12天左右

6 供应木工材料

7 木工大轮廓制作，15天左右

8 木工收口，10天左右

9 供应漆木材料

10 漆工施工，20天左右

11 设备、五金、灯具选购

12 地面收尾，5天左右

13 设备安装调试

14 油漆修补，3天左右

15 家居艺术品、植物等选购

16 软装饰布置

17 净化空气，30天左右。入住前建议业主进行空气质量检测，空气质量指标达标后，才可入住。

施工进度控制

当整体施工开始进行时，最重要的就是把各项工程的施工时间掌控好，由于施工还得考虑到材料、人力以及实际工作天数与各工班之间的衔接等。所以进度控制一定要严格。

 住 宅 装 修 施 工 进 度 表

第一个星期	一：木工材料进场，请甲方验收，局部墙体拆除，确定水电位置
	二：电工进场，甲方安排橱柜公司设计确定厨房电路位置
	三：封部分门口与隔断，电工布槽
	四：甲方选好厨卫墙砖、地砖及大理石
	五：甲方燃气打眼移位，木工开始吊顶
	六：垃圾清运，要求甲方暖气改装及移位
	七：瓦工进场，水泥、沙子进场，卫生间做防水

（续）

第二个星期	一：厨卫墙地砖进场，可铺贴
	二：准备五金件
	三：瓦工贴墙砖，油工做墙面、顶面找平
	四：造型吊顶框架做好
	五：部分吊顶完成，油工进场，墙顶一遍披灰
	六：瓦工贴卫生间墙砖
	七：安装大理石
第三个星期	一：墙砖基本贴完
	二：木工做家具贴面板，上木线
	三：甲方确定墙漆颜色
	四：准备好开关插座面板，水电路全部做好，要求甲方验收
	五：正常施工，油工墙顶二遍披灰
	六：油工正常施工，瓦工铺卫生间地砖
	七：木工安装柜门及门

第四个星期	一：垃圾清运，卫生间地砖基本铺完
	二：甲方确定铝扣板颜色，吊厨房、卫生间顶
	三：甲方灯具、洁具到位
	四：瓦工完工清理卫生
	五：垃圾清运，油工墙顶刷漆
	六：油工正常施工，油工木器漆基本结束
	七：油工继续，木工基本完工
第五个星期	一：墙、顶面打磨
	二：瓦工结束，灯具及洁具安装到位
	三：垃圾清运，油工尾声
	四：油工整理现场工具及清理垃圾
	五：最后油工刷面漆
	六：油工找补
	七：清理完工

　　以上为大体施工进度，仅供参考。具体进度根据现场施工量及天气情况，业主与装修公司之间配合默契程度等因素而定。

第十三部分
施工完成要检验

现在的房子精装修的越来越多了，那么精装修验房注意事项有哪些呢？我们只有把握好一些细节才能为未来家居生活给予保障，及时发现问题，才能规避问题。精装修验房注意事项多，如何才能让家变得温暖舒适呢？只要掌握一些小技巧，就能轻松打造宜人家居，帮您拥有轻松舒适的生活。

漫话家装

检验前的准备工作

众所周知，做家庭装修是个复杂烦琐的过程，而要确保装修设计施工过程圆满完成，前期的准备工作是很重要的，选装修公司、跟设计师充分沟通、买装饰材料等，都需要业主操心。到底前期准备工作要从哪些方面下手呢？

1.根据自己和合住人的生活状态、文化素养，先确定自己喜欢什么，什么是最适合自己的，然后看看自己的物业，想想怎么规划，需要什么（最好记下来），装修是所有的细节整合的一个整体，必须要有一个总的设计主线，所有的细节都是围绕"居住人"做的。规划最好有一个时间概念，如3～5年，会有什么变化？

2.多看、多听周围朋友、同事装修的事情，因为装修知识涵盖的面比较广，一定要多积累，一个非专业的人很难通过较短的时间了解得很透彻。

3.根据自己的经济实力选择一些装修公司，切记，不可将你的真实底价告知，否则装修后你会发现超得很厉害。

4.选择设计师时，一定要将房型图和房型结构图给他看，通常一些不错的设计师会通过对一些问题的必要交流，提出自己的想法。先不要把自己的

想法告知，看看他能不能看出物业的缺憾（通常会有问题，好的设计师会看出，一般的设计师不会，建筑设计受面积影响一般都有些问题）。

5.现在市面上的设计师可分以下两类：第一类工科出身，他们比较严谨，处理空间感很强，工艺要求也比较高；第二类美术出身，想法比较多，比较注重表面，工艺方面不太注重。另外建议选择设计师最好年龄在23～35岁，有一定的生活经验（此点很重要，否则设计的家会缺少生活的概念），还有最好选择从事这个行业时间至少3年的设计师，因为很多刚刚毕业的设计人员不会有很多设计经验，这一点在施工设计时特别明显。

6.如果你在装修方面不是很精通的话，建议还是找一个懂行的朋友或监理，毕竟上万的钱放在别人处，到底值不值得，自己不清楚，这完全同相不相信装修公司无关，多一个监督人员不是坏事。

附录：验收对照表

1．水路工程质量验收单

项目名称	验收标准	是否符合	是否合格
水路工程	水工进场时，要检查原房屋是否有裂缝，各处水管及接头是否有渗漏；检查卫浴设备及其功能是否齐全，设计是否合理，酌情修改方案；并做48小时蓄水实验；将检查的结果呈报业主签字	是 否	是 否
	根据管路改造设计要求，将穿墙孔洞的中心位置用十字线标记在墙面上，用冲击钻打洞孔，洞孔中心线应与穿墙管道中心线吻合，洞孔应顺直无偏差	是 否	
	使用符合国家标准的厚壁热镀管材、PPR管或铝塑管，（压力2.0MPa管壁厚3.2mm），并按功能要求施工，PPR管材连接方式为焊接，PVC管为胶接；管道安装需横平竖直、布局合理，离地面高度350mm，便于拆装、维修；管道接口螺纹8牙以上，进管必须5牙以上，冷水管道生料带6圈以上，热水管道必须采用铅油、油麻不得反方向回纹	是 否	
	给水系统安装前，必须检查水管、配件是否有破损、砂眼等；管与配件的连接，必须正确，且加固。给水、排水系统布局要合理，尽量避免交叉，严禁斜走。水路应与电路距离500~1000mm以上。燃气式热水的水管出口和淋浴龙头的高度要根据燃具具体要求而定	是 否	
	安装前应先清理管内，使其内部清洁无杂物。安装时，注意接口质量，同时找准各甩头管件的位置与朝向，以确保安装后连接各用水设备的位置正确。管线安装完毕，应清理管路	是 否	

141

（续）

项目名称	验收标准	是否符合	是否合格
水路工程	水路走线开槽应该保证暗埋的管子在墙内、地面内装修后不应外露。开槽注意要大于管径20mm，管道试压合格后墙槽应用1∶3水泥砂浆填补密实，其厚度应符合下列要求：墙内冷水管不小于10mm、热水管不小于15mm，嵌入地面的管道不小于10mm。嵌入墙体、地面或暗敷的管道应作隐蔽工程验收	是否	是否
	管道暗敷在地坪面层内或吊顶内，均应在试压合格后做好隐蔽工程验收记录工作。试压前应关闭水表后闸阀，避免打压时损伤水表，将试压管道末端封堵缓慢注水，同时将管道内气体排出。充满水后进行密封检查	是否	
	在安装PPR管时，热熔接头的温度必须达到250～400℃，接熔后接口必须无缝隙、平滑、接口方正。安装PVC下水管时要注意放坡，保证下水畅通，无渗漏、倒流现象。当坐便器的排水孔要移位，要考虑抬高高度至少要有200mm。坐便器的给水管必须采用6分管（20～25铝塑管）以保证冲水压力，其他给水管采用4分管（16～20铝塑管）；排水要直接到主水管里，严禁用50以下的排水管。不得冷、热水管配件混用	是否	
	明装单根冷水管道与墙表面距离应为15～20mm，冷热水管安装应左热右冷，平行间距不小于200mm。明装热水管穿墙体时应设置套管，套管两端应与墙面持平	是否	
	管接口与设备受水口位置应正确。对管道固定管卡应进行防腐处理并安装牢固，墙体为多孔砖墙时，应凿孔并填实水泥砂浆后再进行固定件的安装。当墙体为轻质隔墙时，应在墙体内设置埋件，后置埋件应与墙体连接牢固	是否	

项目名称	验收标准	是否符合	是否合格
水路工程	管道敷设应横平竖直，管卡位置及管道坡度均应符合规范要求。各类阀门安装应位置正确且平正，便于使用和维修，并做到整齐美观。住宅室内明装给水管道的管径一般都在15～20mm之间。根据规定，管径20mm及以下给水管道固定管卡设置的位置应在转角、小水表、水龙头或者三角阀及管道终端的100mm处	是否	是否
	安装后一定要进行增压测试，各种材质的给水管道系统，试验压力均为工作压力的1.5倍。在测试中不得有漏水现象，并不得超过容许的压力降值	是否	
	没有加压条件下的测试办法可以关闭水管总阀（即水表前面的水管开关），打开房间里面的水龙头20分钟，确保没水再滴后关闭所有的水龙头；关闭坐便器水箱和洗衣机等具蓄水功能的设备进水开关；打开总阀后20分钟查看水表是否走动，包括缓慢的走动，如果有走动，即为漏水了。如果没有走动，即为没有渗漏	是否	

2. 电路工程质量验收单

项目名称	验收标准	是否符合	是否合格
电路工程	设计布线时，执行强电走上，弱电在下，横平竖直。强、弱电穿管走线的时候不能交叉，要分开。一定要穿管走线，切不可在墙上或地下开槽明铺电线之后，用水泥封堵了事，给以后的故障检修带来麻烦。另外，穿管走线时电视线和电话线应与电力线分开，以免发生漏电伤人毁物甚至着火的事故	是否	是否

143

（续）

项目名称	验收标准	是否符合	是否合格
电路工程	开槽深度应一致，一般是PVC管直径+10mm；电源线所用导线截面积应满足用电设备的最大输出功率。一般情况，照明1.5mm²，空调挂机插座2.5mm²，柜机4.0mm²，进户线10.0mm²	是否	是否
	电线应选用铜质绝缘电线或铜质塑料绝缘护套线。施工时要使用三种不同颜色外皮的塑质铜芯导线，以便区分火线、零线和接地保护线，切不可图省事用一种或两种颜色的电线完成整个工程	是否	
	暗线敷设必须配阻燃PVC管。插座用SG20管，照明用SG16管。当管线长度超过15m或有两个直角弯时，应增设拉线盒。天棚上的灯具位应拉线盒固定。PVC管应用管卡固定。PVC管接头均用配套接头，用PVC胶水粘牢，弯头均用弹簧弯曲。暗盒、拉线盒与PVC管用锣接固定	是否	
	PVC管安装好后，统一穿电线，同一回路电线应穿入同一根管内，但管内总根数不应超过8根，电线总截面积（包括绝缘外皮）不应超过管内截面积的40%	是否	
	电源线与通信线不得穿入同一根管内。电源线及插座与电视线及插座的水平间距不应小于500mm。电线与散热器、热水、煤气管之间的平行距离不应小于300mm，交叉距离不应小于100mm	是否	
	穿入配管导线的接头应设在接线盒内，线头要留有150mm的余量，接头搭接应牢固，绝缘带包缠应均匀紧密。安装电源插座时，面向插座的左侧应接零线（N），右侧应接相线（L），中间上方应接保护地线（PE）。保护地线为2.5mm²的双色软线	是否	

项目名称	验收标准	是否符合	是否合格
电路工程	当吊灯自重在1kg及以上时，要采用金属链吊装且导线不可受力。应先在顶板上安装后置埋件，然后将灯具固定在后置埋件上。严禁安装在木楔、木砖上。连接开关、螺口灯具导线时，相线应先接开关，开关引出的相线应接在灯中心的端子上，零线应接在螺纹的端子上	是 否	是 否
	导线间和导线对地间电阻必须大于0.5mΩ。强电与弱电插座保持50cm，强电与弱电要分线穿管。明装插座距地面应不低于1.8m；暗装插座距地面不低于0.3m，为防止儿童触电、用手指触摸或金属物插捅电源的孔眼，一定要选用带有保险挡片的安全插座；单相二眼插座的施工接线要求是：当孔眼横排列时为"左零右火"；竖排列时为"上火下零"；单相三眼插座的接线要求是：最上端的接地孔眼一定要与接地线接牢、接实、接对，绝不能不接。值得注意的是零线与保护接地线切不可错接或接为一体；电冰箱应使用独立的、带有保护接地的三眼插座。严禁自做接地线接于燃气管道上，以免发生严重的火灾事故；抽油烟机的插座也要使用三眼插座，接地孔的保护决不可掉以轻心；卫生间常用来洗澡冲凉，易潮湿，不宜安装普通型插座	是 否	
	每户应设置强弱电箱，配电箱内应设动作电流30mA的漏电保护器，分数路经过空开后，分别控制照明，空调，插座等。空开的工作电流应与终端电器的最大工作电流相匹配，一般情况下，照明10A，插座16A，柜式空调20A，进户40～60A	是 否	
	安装漏电保护器要绝对正确，诸如输入端、相线、零线不可接反	是 否	

145

3．陶瓷地面砖工程质量验收单

项目名称	验收标准	是否符合	是否合格
陶瓷地面砖工程	面层所用板块的品种、质量必须符合设计要求	是否	是否
	面层与下一层的结合（黏结）应牢固，无空鼓	是否	
	砖面层的表面应洁净、图案清晰、色泽一致、接缝平整、深浅一致、周边直顺。板块无裂纹、掉角和缺棱等缺陷	是否	
	面层邻接处的镶边用料及尺寸应符合设计要求，边角整齐且光滑	是否	
	踢脚线表面应洁净、高度一致、结合牢固、出墙厚度一致	是否	
	楼梯踏步和台阶板块的缝隙宽度应一致、齿角整齐。楼段相邻踏步高度差不应大于10mm，且防滑条应顺直	是否	
	面层表面的坡度应符合设计要求，不倒泛水、无积水，与地漏、管道结合处应严密牢固，无渗漏	是否	

4. 陶瓷墙面砖工程质量验收单

项目名称	验收标准	是否符合	是否合格
陶瓷墙面砖工程	饰面砖的品种、规格、颜色和性能应符合设计要求	是 否	是 否
	饰面砖粘贴工程的找平、防水、黏结和勾缝材料及施工方法应符合设计要求及国家现行产品标准和工程技术标准的规定	是 否	
	饰面砖粘贴必须牢固	是 否	
	满粘法施工的饰面砖工程应无空鼓、裂缝	是 否	
	饰面砖表面应平整、洁净，色泽一致，无裂痕和缺损	是 否	
	阴阳角处搭接方式、非整砖的使用部位应符合设计要求	是 否	
	墙面突出物周围的饰面砖应整砖套割吻合，边缘应整齐。墙裙、贴脸与突出墙面的厚度应一致	是 否	
	饰面砖接缝应平直、光滑，填嵌应连续、密实；宽度和深度应符合设计要求	是 否	

147

漫话家装

5．天然石材地面工程质量验收单

项目 名称	验收标准	是否 符合	是否 合格
天然石材地面工程	大理石、花岗石面层所用板块的品种、质量应符合设计要求	是 否	是 否
	面层与下一层的结合（黏结）应牢固，无空鼓	是 否	
	大理石、花岗石面层的表面应洁净、图案清晰、色泽一致、接缝平整、深浅一致、周边直顺。板块无裂纹、掉角和缺棱等缺陷	是 否	
	踢脚线表面应洁净、高度一致、结合牢固、出墙厚度一致	是 否	
	楼梯踏步和台阶板块的缝隙宽度应一致、齿角整齐。楼段相邻踏步高度差不应大于10mm，且防滑条应顺直、牢固	是 否	
	面层表面的坡度应符合设计要求，不倒泛水、无积水，与地漏、管道结合处应严密牢固，无渗漏	是 否	

148

6．吊顶工程质量验收单

项目名称	验收标准	是否符合	是否合格
吊顶工程	吊顶的标高、尺寸、起拱和造型是否符合设计的要求	是 否	是 否
	饰面材料的材质、品种、规格、图案和颜色应符合设计要求。当饰面材料为玻璃板时，应使用安全玻璃或采取可靠的安全措施	是 否	
	饰面材料的安装应稳固严密。饰面材料与龙骨的搭接宽度应大于龙骨受力面宽度的2/3	是 否	
	吊杆、龙骨的材质、规格、安装间距及连接方式应符合设计要求。金属吊杆、龙骨应进行表面防腐处理；木龙骨应进行防腐、防火处理	是 否	
	明龙骨吊顶工程的吊杆和龙骨安装必须牢固	是 否	
	暗龙骨吊顶工程的吊杆、龙骨和饰面材料的安装必须牢固	是 否	
	石膏板的接缝应按其施工工艺标准进行板缝防裂处理。安装双层石膏板时，面板层与基层板的接缝应错开，并不得在同一根龙骨上接缝	是 否	

（续）

项目名称	验收标准	是否符合	是否合格
吊顶工程	饰面材料表面应洁净、色泽一致，不得有曲翘、裂缝及缺损。饰面板与明龙骨的搭接应平整、吻合，压条应平直、宽窄一致	是 否	是 否
	饰面板上的灯具、烟感器、喷淋等设备的位置应合理、美观，与饰面板的交接应严密吻合	是 否	
	金属龙骨的接缝应平整、吻合、颜色一致，不得有划伤、擦伤等表面缺陷。木质龙骨应平整、顺直、无劈裂	是 否	
	吊顶内填充吸声材料的品种和铺设厚度应符合设计要求，并应有防散落措施	是 否	

7. 骨架隔墙工程质量验收单

项目名称	验收标准	是否符合	是否合格
骨架隔墙工程	骨架隔墙所用龙骨、配件、墙面板、填充材料及嵌缝材料的品种、规格、性能和技术木材含水率应符合设计要求。有隔声、隔热、阻燃、防潮等特殊要求的工程，材料应有相应性能等级检测报告	是 否	是 否
	骨架隔墙工程边框龙骨必须与基体结构连接牢固，并应平整、垂直、位置正确	是 否	
	骨架隔墙中龙骨间距和构造连接方法应符合设计要求。骨架内设备管线的安装、门窗洞口等部位加强龙骨应安装牢固、位置正确，填充材料的设置应符合设计要求	是 否	
	木龙骨及木墙面板的防火和防腐处理应符合设计要求	是 否	

（续）

项目名称	验收标准	是否符合	是否合格
骨架隔墙工程	骨架隔墙的墙面板应安装牢固，无脱层、翘曲、折裂及缺损	是 否	是 否
	墙面板所用接缝材料的接缝方法应符合设计要求	是 否	
	骨架隔墙表面应平整光滑、色泽一致、洁净、无裂缝，接缝应均匀、顺直	是 否	
	骨架隔墙上的孔洞、槽、盒应位置正确、套割吻合、边缘整齐	是 否	
	骨架隔墙内的填充材料应干燥，填充应密实、均匀、无下坠	是 否	

8．玻璃隔墙工程质量验收单

项目名称	验收标准	是否符合	是否合格
玻璃隔墙工程	玻璃隔墙工程所用材料的品种、规格、性能、图案和颜色应符合设计要求。玻璃板隔墙应使用安全玻璃	是 否	是 否
	玻璃砖隔墙的砌筑或玻璃板隔墙的安装方法应符合设计要求	是 否	
	玻璃砖隔墙砌筑中埋设的拉结筋必须与基体结构连接牢固，且位置正确	是 否	
	玻璃板隔墙胶垫的安装应正确，玻璃隔墙的安装必须牢固	是 否	

（续）

项目名称	验收标准	是否符合	是否合格
玻璃隔墙工程	玻璃隔墙表面应色泽一致、平整洁净、清晰美观	是 否	是 否
	玻璃隔墙接缝应横平竖直，玻璃应无裂痕、缺损和划痕	是 否	
	玻璃板隔墙嵌缝及玻璃砖隔墙勾缝应密实平整、均匀顺直、深浅一致	是 否	

9．板材隔墙工程质量验收单

项目名称	验收标准	是否符合	是否合格
板材隔墙工程	隔墙板材的品种、规格、性能、颜色应符合设计要求；如有隔声、隔热、防潮等特殊要求的工程，板材应有相应性能等级的检测报告	是 否	是 否
	安装隔墙板材所需预埋件、连接件的位置、数量及连接方式应符合设计要求	是 否	
	隔墙板材安装必须牢固。现制钢丝网水泥隔墙与周边墙体的连接方法应符合设计要求，并应连接牢固	是 否	
	隔墙板材所用接缝材料的品种及接缝方法应符合设计要求	是 否	
	隔墙板材安装应垂直、平整、位置正确，板材不应有裂缝或缺损等缺陷	是 否	
	板材隔墙的表面应平整光滑、色泽一致、洁净无杂质，接缝应均匀顺直	是 否	

项目名称	验收标准	是否符合	是否合格
板材隔墙工程	隔墙上的孔洞、槽、盒等应位置正确、套割方正、边缘整齐	是 否	是 否

10．大理石饰面板工程质量验收单

项目名称	验收标准	是否符合	是否合格
大理石饰面板工程	大理石饰面板的品种、规格、颜色和性能应符合设计要求	是 否	是 否
	大理石饰面板孔、槽的数量、位置和尺寸应符合设计要求	是 否	
	大理石饰面板安装工程的预埋件、连接件的数量、规格、位置、连接方法和防腐处理必须符合设计要求。后置埋件的现场拉拔强度也必须符合设计要求。大理石饰面板的安装必须牢固	是 否	
	大理石饰面板的表面应平整、洁净、色泽一致，无裂痕和缺损。石材表面应无泛碱等污染	是 否	
	大理石饰面板的嵌缝应密实、平直，宽度和深度应符合设计要求，嵌填材料色泽应一致	是 否	
	采用湿作业法施工的大理石饰面板工程，石材应进行防碱背涂处理，饰面板与基体之间的灌注材料应饱满密实	是 否	
	大理石饰面板上的孔洞应套割吻合，边缘应整齐	是 否	

11．铝合金饰面板工程质量验收单

项目名称	验收标准	是否符合	是否合格
铝合金饰面板工程	铝合金饰面板的品种、规格、颜色和性能应符合设计要求	是 否	是 否
	铝合金饰面板安装工程的预埋件、连接件的数量、规格、位置、连接方法和防腐处理必须符合设计要求。后置埋件的现场拉拔强度也必须符合设计要求。铝合金饰面板的安装必须牢固	是 否	
	铝合金饰面板的表面应平整、洁净、色泽一致，无裂痕和缺损	是 否	
	铝合金饰面板的嵌缝应密实、平直，宽度和深度应符合设计要求	是 否	

12．木板饰面板工程质量验收单

项目名称	验收标准	是否符合	是否合格
木板饰面板工程	木板饰面板的品种、规格、颜色和性能应符合设计要求，木龙骨、木饰面板的燃烧性能等级应符合设计要求	是 否	是 否
	木板饰面板的孔、槽数量、位置及尺寸应符合设计要求	是 否	
	木板饰面板的表面应平整、洁净、色泽一致，无裂痕和缺损	是 否	
	木板饰面板的嵌缝应密实、平直，宽度和深度应符合设计要求，嵌填材料色泽应一致	是 否	

13. 壁纸裱糊工程质量验收单

项目名称	验收标准	是否符合	是否合格
壁纸裱糊工程	壁纸的种类、规格、图案、颜色和燃烧性能等级必须符合设计要求和国家现行标准的有关规定	是 否	是 否
	裱糊工程的基层处理质量应符合一般要求的规定	是 否	
	裱糊后各幅拼接应横平竖直，拼接处花纹、图案应吻合、不离缝、不搭接，且拼缝不明显	是 否	
	壁纸应粘贴牢固，不得有漏贴、补贴、脱层、空鼓和翘边	是 否	
	裱糊后壁纸表面应平整，色泽应一致，不得有波纹起伏、气泡、裂缝、皱褶和污点，且斜视应无胶痕	是 否	
	复合压花壁纸的压痕及发泡壁纸的发泡层应无损坏	是 否	
	壁纸与各种装饰线、设备线盒等应交接严密	是 否	
	壁纸边缘应平直整齐，不得有纸毛、飞刺	是 否	
	壁纸的阴角处搭接应顺光、阳角处应无接缝	是 否	

155

漫话家装

项目名称	验收标准	是否符合	是否合格
软包工程	软包面料、内衬材料及边框的材质、图案、颜色、燃烧性能等级和木材的含水率必须符合设计要求和国家现行标准的有关规定	是 否	是 否
	软包工程的安装位置及构造做法应符合设计要求	是 否	
	软包工程的龙骨、衬板、边框应安装牢固，无翘曲，拼缝应平直	是 否	
	单块软包面料不应有接缝，四周应绷压严密	是 否	
	软包工程表面应平整、洁净，无凹凸不平及皱褶；图案应清晰、无色差，整体应协调美观	是 否	
	软包边框应平整、顺直、接缝吻合。其表面涂饰质量应符合涂饰工程的有关规定	是 否	
	清漆涂饰木制边框的颜色、木纹应协调一致	是 否	

15．内墙涂饰工程质量验收单

项目名称	验收标准	是否符合	是否合格
内墙涂饰工程	内墙涂饰工程所用涂料的品种、型号和性能应符合设计要求	是 否	是 否
	内墙涂饰工程的颜色、图案应符合设计要求	是 否	
	内墙涂饰工程应涂饰均匀、黏结牢固，不得漏涂、透底、起皮和掉粉	是 否	
	内墙涂饰工程的基层处理应符合质量验收要求	是 否	
	内墙涂饰工程的表面颜色应均匀一致	是 否	
	内墙涂饰工程中不允许或允许少量轻微出现泛碱、咬色等的质量缺陷	是 否	
	内墙涂饰工程中不允许或允许少量轻微出现流坠、疙瘩等的质量缺陷	是 否	
	内墙涂饰工程中不允许或允许少量轻微出现砂眼、刷纹等的质量缺陷	是 否	

157

16. 木材表面涂饰工程质量验收单

项目名称	验收标准	是否符合	是否合格
木材表面涂饰工程	木材表面涂饰工程所用涂料的品种、型号和性能应符合设计要求	是 否	是 否
	木材表面涂饰工程的颜色、图案应符合设计要求	是 否	
	木材表面涂饰工程应涂饰均匀、黏结牢固，不得漏涂、透底、起皮和掉粉	是 否	
	木材表面涂饰工程的基层处理应符合质量验收要求	是 否	
	木材表面涂饰工程的表面颜色应均匀一致	是 否	
	木材表面涂饰工程的光泽度与光滑度应符合设计要求	是 否	
	木材表面涂饰工程中不允许出现流坠、疙瘩、刷纹等的质量缺陷	是 否	
	木材表面涂饰工程的装饰线、分色直线度的尺寸偏差不得大于1mm	是 否	

17. 实木地板铺设工程质量验收单

项目名称	验收标准	是否符合	是否合格
实木地板铺设工程	实木地板面层所采用的材质和铺设时的木材含水率必须符合设计要求。实木地板面层所采用的条材和块材，其技术等级及质量要求应符合设计要求。木格栅、垫木和毛地板等必须做防腐、防蛀处理	是 否	是 否
	木格栅安装应牢固、平直	是 否	
	面层铺设应牢固、黏结无空鼓	是 否	
	实木地板的面层是非免刨免漆产品，应刨平、磨光，无明显刨痕和毛刺等现象。实木地板的面层图案应清晰、颜色均匀一致	是 否	
	面层缝隙应严密、接缝位置应错开、表面要洁净	是 否	
	拼花地板的接缝应对齐、粘钉严密。缝隙宽度应均匀一致。表面洁净、无溢胶	是 否	
	踢脚线表面应光滑、接缝严密、高度一致	是 否	

159

18．强化复合地板铺设工程质量验收单

项目名称	验收标准	是否符合	是否合格
强化复合地板铺设工程	强化复合地板面层所采用的材料，其技术等级及质量要求应符合设计要求	是 否	是 否
	面层铺设应牢固、黏结无空鼓	是 否	
	强化复合地板面层的颜色和图案应符合设计要求。图案应清晰、颜色应均匀一致、板面无翘曲	是 否	
	面层接头应错开、缝隙要严密、表面要洁净	是 否	
	踢脚线表面应光滑、接缝严密、高度一致	是 否	

19．橱柜安装工程质量验收单

项目名称	验收标准	是否符合	是否合格
橱柜安装工程	厨房设备安装前的检验	是 否	是 否
	吊柜的安装应根据不同的墙体采用不同的固定方法	是 否	
	底柜安装应先调整水平旋钮，保证各柜体台面、前脸均在一个水平面上，两柜连接使用木螺钉，后背板通管线、表、阀门等应在背板画线打孔	是 否	
	安装洗物柜底板下水孔处要加塑料圆垫，下水管连接处应保证不漏水、不渗水，不得使用各类胶粘剂连接接口部分	是 否	
	安装不锈钢水槽时，保证水槽与台面连接缝隙均匀，不渗水	是 否	
	安装水龙头，要求安装牢固，上水连接不能出现渗水现象	是 否	
	抽油烟机的安装，注意吊柜与抽油烟机罩的尺寸配合，应达到协调统一	是 否	
	安装灶台，不得出现漏气现象，安装后用肥皂液检验是否安装完好	是 否	

20. 卫生洁具安装工程质量验收单

项目名称	验收标准	是否符合	是否合格
卫生洁具安装工程	洗面盆安装施工要领：洗面盆产品应平整无损裂。排水栓应有不小于8mm直径的溢流孔。排水栓与洗面盆连接时排水栓溢流孔应尽量对准洗面盆溢流孔以保证溢流部位畅通，镶接后排水栓上端面应低于洗面盆底。托架固定螺栓可采用不小于6mm的镀锌开脚螺栓或镀锌金属膨胀螺栓（如墙体是多孔砖，则严禁使用膨胀螺栓）。洗面盆与排水管连接后应牢固密实，且便于拆卸，连接处不得敞口。洗面盆与墙面接触部应用硅膏嵌缝。如洗面盆排水存水弯和水龙头是镀铬产品，在安装时不得损坏镀层	是否	是否
	浴缸的安装要领：在安装裙板浴缸时，其裙板底部应紧贴地面，楼板在排水处应预留250～300mm洞孔，便于排水安装，在浴缸排水端部墙体设置检修孔。其他各类浴缸可根据有关标准或用户需求确定浴缸上平面高度。然后砌两条砖基础后安装浴缸。如浴缸侧边砌裙墙，应在浴缸排水处设置检修孔或在排水端部墙上开设检修孔。各种浴缸冷、热水龙头或混合龙头其高度应高出浴缸上平面150mm。安装时应不损坏镀铬层。镀铬罩与墙面应紧贴。固定式淋浴器、软管淋浴器其高度可按有关标准或按用户需求安装。浴缸安装上平面必须用水平尺校验平整，不得侧斜。浴缸上口侧边与墙面结合处应用密封膏填嵌密实。浴缸排水与排水管连接应牢固密实，且便于拆卸，连接处不得敞口	是否	

161

项目名称	验收标准	是否符合	是否合格
卫生洁具安装工程	坐便器的安装要点：给水管安装角阀高度一般距地面至角阀中心为250mm，如安装连体坐便器应根据坐便器进水口离地高度而定，但不小于100mm，给水管角阀中心一般在污水管中心左侧150mm或根据坐便器实际尺寸定位。低水箱坐便器其水箱应用镀锌开脚螺栓或用镀锌金属膨胀螺栓固定。如墙体是多孔砖则严禁使用膨胀螺栓，水箱与螺母间应采用软性垫片，严禁使用金属硬垫片。带水箱的连体坐便器其水箱后背部离墙应不大于20mm。坐便器的安装应用不小于6mm的镀锌膨胀螺栓固定，坐便器与螺母间应用软性垫片固定，污水管应露出地面10mm。坐便器安装时应先在底部排水口周围涂满油灰，然后将坐便器排出口对准污水管口慢慢地往下压挤密实填平整，再将垫片螺母拧紧，清除被挤出油灰，在底座周边用油灰填嵌密实后立即用回丝或抹布揩擦清洁。冲水箱内溢水管高度应低于扳手孔30~40mm，以防进水阀门损坏时水从扳手孔溢出	是 否	是 否
	需要注意安装时不得破坏防水层，已经破坏或没有防水层的，要先做好防水，并经24小时积水渗漏试验。卫生洁具固定牢固，管道接口严密。注意成品保护，防止磕碰卫生洁具	是 否	

21．灯具安装工程质量验收单

项目名称	验收标准	是否符合	是否合格
灯具安装工程	在所有灯具安装前，应先检查验收灯具，查看配件是否齐全，有玻璃的灯具玻璃是否破碎，预先说明各个灯的具体安装位置，并注明于包装盒上	是 否	是 否
	采用钢管作灯具吊杆时，钢管内径不应小于10mm，管壁厚度不应小于1.5mm	是 否	
	同一室内或同一场所成排安装的灯具，应先定位，后安装，其中心偏差应不大于2mm	是 否	
	灯具组装必须合理、牢固，导线接头必须牢固、平整。有玻璃的灯具，固定其玻璃时，接触玻璃处须用橡胶垫，且螺钉不能拧得过紧	是 否	
	灯具重量大于3kg时，应采用预埋吊钩或从屋顶用膨胀螺栓直接固定支吊架安装（不能用龙骨支架安装灯具）。从灯头箱盒引出的导线应用软管保护至灯位，防止导线裸露在平顶内	是 否	

22．开关插座安装工程质量验收单

项目名称	验收标准	是否符合	是否合格
开关、插座面板安装工程	开关的安装宜在灯具安装后，开关必须串联在火线上；在潮湿场所应用密封或保护式插座；面板垂直度允许偏差不大于1mm；成排安装的面板之间的缝隙应不大于1mm	是 否	是 否
	插座必须是面对面板方向左接零线，右接火线，三孔上端接地线，并且盒内不允许有裸露铜线	是 否	

163

漫话家装

项目 名称	验收标准	是否 符合	是否 合格
开 关 、 插 座 面 板 安 装 工 程	开关安装后应方便使用，同一室内的同一平面开关必须安排在同一水平线上并按最常用的顺序排列	是 否	是 否
	开关插座后面的线宜理顺并做成波浪状置于底盒内	是 否	
	开关、插座面板上的接线采用插入压接方式，导线端剥去10mm绝缘层，插入接线端子孔用螺栓压紧，如端子孔较大或螺栓稍短导线不能被压紧，可将线头剥掉些，折回成双线插入	是 否	
	开关要装在火线上。在一块面板上有多个开关时，各个开关要分别接线，这时各开关上的导线要单独穿管，有几个开关就应有几根进线管接在接线盒上。扳把开关向上扳时为开灯。跷板开关安装时有红点的朝上，注意不要装反，按跷板下半部为开	是 否	
	在一块面板上的多个插座，有些是一体化的，只有三个接线端子，各个插座内部接线已经用扁片接好；有些插座是分体的，需要用短线把各个插座并联起来。插座内火线和零线、地线要按规定位置连接，不能接错	是 否	
	安装面板时，将接好的导线及接线盒内的导线接头，在盒内盘好压紧，把面板扣在接线盒上，用螺钉将面板固定在盒上。固定时要注意面板应平整，不能歪斜，扣在墙面上要严密，不能有缝隙。用螺钉把下层面板固定好后，再把装饰面盖上	是 否	

23．装修材料验收单

项目名称	验收标准	是否符合	是否合格
木龙骨	要选木节较少、较小的木方，否则如果木结大而且多，钉子、螺钉在木节处会拧不进去或者钉断木方。会导致结构不牢固，而且容易从木结处断裂	是否	是否
	要选没有树皮、虫眼的木方，树皮是寄生虫栖身之地，有树皮的木方易生蛀虫，有虫眼的不能用。如果这类木方用在装修中，蛀虫会吃掉所有能吃的木质	是否	
	要选密度大的木方，用手拿有沉重感，用手指甲抠不会有明显的痕迹，用手压木方有弹性，弯曲后容易复原，不会断裂	是否	
	要尽量选择加工结束时间长一些的，而且没有被放在露天存放的，因为这样的龙骨比近期加工完的，含水率相对会低一些，同时变形、翘曲的几率也少一些	是否	
轻钢龙骨	优等品不允许有腐蚀、损伤、黑斑、麻点；一等品或合格品要求没有较严重的腐蚀、损伤、黑斑、麻点，且面积不大于1cm²的黑斑每米内不多于三处	是否	是否
	家庭吊顶轻钢龙骨主龙骨采用50系列完全够用，其镀锌板材的壁厚不应小于1mm	是否	
木质线条	未上漆木线应先看整根木线是否光洁、平实，手感是否顺滑、有无毛刺。尤其要注意木线是否有节子、开裂、腐朽、虫眼等现象	是否	是否
	上漆木线，可以从背面辨别木质、毛刺多少，仔细观察漆面的光洁度，上漆是否均匀，色度是否统一，有否色差、变色等现象	是否	
	木线也分为清油和混油两类。清油木线对材质要求较高，市场售价也较高。混油木线则对材质要求相对较低，市场售价也比较低	是否	

165

（续）

项目名称	验收标准	是否符合	是否合格
电线	电线的外观应光滑平整，绝缘和护套层无损坏，标志印字清晰，手摸电线时无油腻感	是 否	是 否
	从电线的横截面看，电线的整个圆周上绝缘或护套的厚度应均匀，不应偏心，绝缘或护套应有一定的厚度	是 否	
白乳胶	外观为乳白色稠厚液体，一般无毒无味、无腐蚀、无污染，是一种水性胶黏剂	是 否	是 否
	注意胶体应均匀，无分层，无沉淀，开启容器时无刺激性气味	是 否	
细木工板	观察板面是否有起翘、弯曲，有无鼓包、凹陷等；观察板材周边有无补胶、补腻子现象。查看芯条排列是否均匀整齐，缝隙越小越好。板芯的宽度不能超过厚度的2.5倍，否则易变形	是 否	是 否
	用手触摸，展开手掌，轻轻平抚细木工板板面，如感觉到有毛刺扎手，则表明质量不高	是 否	
	用双手将细木工板一侧抬起，上下抖动，仔细听是否有木料拉伸断裂的声音，有则说明内部缝隙较大，空洞较多。优质的细木工板应有一种整体感、厚重感	是 否	
	从侧面拦腰锯开后，观察板芯的木材质量是否均匀整齐，有无腐朽、断裂、虫孔等，实木条之间缝隙是否较大	是 否	

项目名称	验收标准	是否符合	是否合格
胶合板	胶合板要木纹清晰，正面光洁平滑，不毛糙，要平整无滞手感。夹板有正反两面的区别	是 否	是 否
	双手提起胶合板一侧，能感受到板材是否平整、均匀、无弯曲起翘的张力	是 否	
	个别胶合板是将两个不同纹路的单板贴在一起制成的，所以要注意胶合板拼缝处是否应严密，是否有高低不平现象	是 否	
	要注意已经散胶的胶合板。如果手敲胶合板各部位时，声音发脆，则证明质量良好。若声音发闷，则表示胶合板已出现散胶现象	是 否	
	胶合板应该没有明显的变色及色差，颜色统一，纹理一致。注意是否有腐朽变质现象	是 否	
薄木贴面板	观察贴面（表皮）	是 否	是 否
	装饰性要好，其外观应有较好的美感，材质应细致均匀、色泽清晰、木色相近、木纹美观	是 否	
	表面应无明显瑕疵，其表面光洁，无毛刺沟痕和刨刀痕；应无透胶现象和板面污染现象	是 否	
纤维板	纤维板应厚度均匀，板面平整、光滑，没有污渍、水渍、粘迹	是 否	是 否
	四周板面细密、结实、不起毛边	是 否	
	用手敲击板面，声音清脆悦耳，均匀的纤维板质量较好。若声音发闷，则可能发生了散胶问题	是 否	
刨花板	注意厚度是否均匀，板面是否平整、光滑，有无污渍、水渍、胶渍等	是 否	是 否
	刨花板中不允许有断痕、透裂、单个面积大于40mm^{2}的胶斑、石蜡斑、油污斑等污染点、边角残损等缺陷	是 否	

167

（续）

项目名称	验收标准	是否符合	是否合格
铝塑板	看其厚度是否达到要求，必要时可使用游标卡尺测量一下。还应准备一块磁铁，检验一下所选的板材是铁还是铝	是 否	是 否
	看铝塑板的表面是否平整光滑，有无波纹、鼓泡、庇点、划痕	是 否	
铝扣板	拿一块样品敲打几下，仔细倾听，声音脆的说明基材好，声音发闷说明杂质较多	是 否	是 否
	拿一块样品反复掰折，看它的漆面是否脱落、起皮。好的铝扣板漆面只有裂纹、不会有大块油漆脱落。而且好的铝扣板正背面都有漆，因为背面的环境更潮湿，有背漆的铝扣板使用寿命比只有单面漆的铝扣板更长	是 否	
	铝扣板的龙骨材料一般为镀锌钢板，看它的平整度、加工的光滑程度；龙骨的精度，误差范围越小，精度越高，质量越好	是 否	
石膏板	观察纸面，优质纸面石膏板用的是进口的原木浆纸，纸轻且薄，强度高，表面光滑，无污渍，纤维长，韧性好。而劣质的纸面石膏板用的是再生纸浆生产出来的纸张，较重较厚，强度较差，表面粗糙，有时可看见油污斑点，易脆裂。纸面的好坏还直接影响到石膏板表面的装饰性能。优质纸面石膏板表面可直接涂刷涂料，劣质纸面石膏板表面必须做满批腻子后才能做最终装饰	是 否	是 否
	观察板芯，优质纸面石膏板选用高纯度的石膏矿作为芯体的原材料，而劣质的纸面石膏板对原材料的纯度缺乏控制。纯度低的石膏矿中含有大量的有害物质，好的纸面石膏板的板芯白，而差的纸面石膏板板芯发黄（含有黏土）、颜色暗淡	是 否	
	观察纸面粘接，用裁纸刀在石膏板表面划一个45°的"叉"，然后在交叉的地方揭开纸面，优质的纸面石膏板的纸张依然粘接在石膏芯上，石膏芯体没有裸露；而劣质纸面石膏板的纸张则可以撕下大部分甚至全部纸面，石膏芯完全裸露出来	是 否	

项目名称	验收标准	是否符合	是否合格
装饰石材	观，即肉眼观察石材的表面结构。一般说来，均匀的细料结构的石材具有细腻的质感，为石材之佳品；粗粒及不等粒结构的石材其外观效果较差，机械力学性能也不均匀，质量稍差	是否	是否
	量，即量石材的尺寸规格，以免影响拼接，或造成拼接后的图案、花纹、线条变形，影响装饰效果	是否	
	听，即听石材的敲击声音。一般而言，质量好的，内部致密均匀且无显微裂隙的石材，其敲击声清脆悦耳；相反，若石材内部存在显微裂隙或细脉或因风化导致颗粒间接触变松，则敲击声粗哑	是否	
	试，即用简单的试验方法来检验石材质量好坏。通常在石材的背面滴上一小滴墨水，如墨水很快四处分散浸出，即表示石材内部颗粒较松或存在细微裂隙，则说明石材质量不好；反之，若墨水滴在原处不动，则说明石材致密质地好	是否	
陶瓷墙地砖	用尺测量，质量好的地砖规格大小统一、厚度均匀、边角无缺陷、无凹凸翘角等，边长的误差不超过0.2～0.3cm，厚薄的误差不超过0.1cm	是否	是否
	用耳听，可用手指垂直提起陶瓷砖的边角，让瓷砖轻松垂下，用另一手指轻敲瓷砖中下部，声音清亮明脆的是上品，而声音沉闷混浊的是下品	是否	
装饰玻璃	检查玻璃材料的外观，看其平整度，观察有无气泡、夹杂物、划伤、线道和雾斑等质量缺陷。存在此类缺陷的玻璃，在使用中会发生变形或降低玻璃的透明度，影响机械强度以及玻璃的热稳定性	是否	是否
壁纸	好的壁纸色牢度高，可用湿布或水擦洗而不发生变化	是否	是否
	壁纸表面涂层材料及印刷颜料都需经优选并严格把关，能保证壁纸经长期光照后（特别是浅色、白色墙纸）不发黄	是否	
	看图纹风格是否独特，制作工艺是否精良	是否	

漫话家装

项目名称	验收标准	是否符合	是否合格
乳胶漆	用鼻子闻：真正环保的乳胶漆应是水性无毒无味的，所以当你闻到刺激性气味或工业香精味，就不能选择	是 否	是 否
	用眼睛看：放一段时间后，优质乳胶漆的表面会形成厚厚的、有弹性的氧化膜，不易裂；而次品只会形成一层很薄的膜，易碎，具有辛辣气味	是 否	
	用手感觉：用木棍将乳胶漆拌匀，再用木棍挑起来，优质乳胶漆往下流时会成扇面形。用手指摸，优质乳胶漆应该手感光滑、细腻	是 否	
木器漆	有些厂家为了降低生产成本，没有认真执行国标标准，有害物质含量大大超过标准规定，如三苯含量过高，它可以通过呼吸道及皮肤接触，使身体受到伤害，严重的可导致急性中毒。木器漆的作业面比较大，不能为了贪一时的便宜，为今后的健康留下隐患	是 否	是 否
地毯	观察地毯的绒头密度，可用手去触摸地毯，产品的绒头质量高，毯面的密度就丰满，这样的地毯弹性好、耐踩踏、耐磨损、舒适耐用。但不要采取挑选长毛绒的方法来挑选地毯，表面上看起来好看，但绒头密度稀松，绒头易倒伏变形，这样的地毯不抗踩踏，易失去地毯特有的性能，不耐用	是 否	是 否
	检测色牢度，色彩多样的地毯，质地柔软，美观大方。选择地毯时，可用手或试布在毯面上反复摩擦数次，看其手或试布上是否粘有颜色，如粘有颜色，则说明该产品的色牢度不佳，地毯在铺设使用中易出现变色和掉色，而影响地毯在铺设使用中的美观效果	是 否	
	检测地毯背衬剥离强力，簇绒地毯的背面用胶乳粘有一层网格底布。消费者在挑选该类地毯时，可用手将底布轻轻撕一撕，看看黏结力的程度，如果黏结力不高，底布与毯体就易分离，这样的地毯不耐用	是 否	
五金配件	仔细观察外观工艺是否粗糙	是 否	是 否
	用手折合（或开启）几次看开关是否自如，有无异常噪声	是 否	